RAPPORTS

ENTRE LA CONSTITUTION PHYSIQUE DES TERRES
ET LA DISTRIBUTION DES EAUX D'ARROSAGE,

PAR

M. A. MÜNTZ,

MEMBRE DE L'INSTITUT,
DIRECTEUR DES LABORATOIRES DE CHIMIE DE L'INSTITUT AGRONOMIQUE,

M. L. FAURE,

INSPECTEUR DES AMÉLIORATIONS AGRICOLES, PROFESSEUR À L'INSTITUT AGRONOMIQUE,

ET M. E. LAINÉ,

PRÉPARATEUR À L'INSTITUT AGRONOMIQUE.

(Extrait des *Annales*. — Fascicule 36 *bis*.)

Dans un précédent mémoire[1], nous avons exposé dans ses grandes lignes le but que nous poursuivions pour l'étude de l'aptitude des sols à recevoir et à utiliser les eaux d'arrosage, ainsi que les conditions dans lesquelles la pratique de l'arrosage peut être effectuée le plus avantageusement.

Nous avons insisté, en particulier, sur l'intérêt qu'il y avait à connaître la perméabilité des terres, c'est-à-dire la faculté de celles-ci à se laisser pénétrer par l'eau, et montré que, contrairement à l'opinion généralement adoptée, des terres, même quand elles sont de formation géologique analogue, présentent entre elles, sous ce rapport, des différences énormes, allant du simple au décuple et bien au delà. Au cours de nos recherches poursuivies depuis sans interruption, nous avons, à mesure que nos observations se multipliaient, acquis, avec une conviction de plus en plus grande, la certitude que la perméabilité des terres est, parmi les facteurs multiples qui influent sur la pratique et les résultats de l'arrosage, de beaucoup le plus important. Aussi, avons-nous dirigé nos travaux dans le sens de la détermination de la perméabilité, des relations de celle-ci avec le mode opératoire à employer pour amener l'eau, des volumes à donner dans chaque nature de terrain.

A mesure que nous avancions dans nos recherches, se fortifiait en nous la conviction que la voie que nous suivions était féconde; aussi, nous sommes-nous efforcés de perfectionner le mode opératoire primitivement suivi et d'étendre le plus possible le champ de nos observations et de notre expérimentation, non seulement pour obtenir une confirmation plus complète de la valeur de nos méthodes d'investigation, mais aussi pour fournir dès maintenant des données pouvant avoir une application pratique. Dans le but de rendre plus faciles les déterminations des propriétés physiques des terres, qui influent sur l'aptitude à l'arrosage, nous nous sommes appliqués à

---

[1] Voir fasc. 33, p. 45 et suivantes.

MM. A. Müntz, L. Faure et E. Lainé.   1

trouver des procédés de laboratoire pouvant fournir des renseignements aussi sûrs que ceux que nous donnaient les observations sur le terrain. On pourrait alors, sans avoir à se rendre sur les lieux pour opérer sur la terre en place, faire prélever des échantillons de celle-ci et les expédier au laboratoire, où leur examen se ferait sans aucune difficulté.

Dans le présent mémoire, nous nous sommes surtout attachés à étudier et à décrire les méthodes d'observation et à enregistrer les résultats expérimentaux obtenus tant sur le terrain que dans le laboratoire. Les conclusions générales auxquelles nous auront conduit ces travaux laborieux trouveront leur place après la description des études encore en cours. Mais, après les résultats de chaque campagne annuelle, nous résumerons les données acquises, faisant étape dans cette longue série de recherches.

MÉTHODES D'OBSERVATION.

Au cours de nos premières études effectuées en 1905, nous avions été amenés à conclure que la perméabilité est la propriété qui influe le plus sur l'aptitude d'un sol donné à utiliser l'eau d'arrosage. Ces premiers essais nous ont également montré que les procédés d'examen en plein champ, sur la terre en place, donnent des résultats beaucoup plus dignes d'attention que l'étude, au laboratoire, d'échantillons prélevés en tous les points sur lesquels portent les investigations. Toutefois, cette dernière méthode fournit également des renseignements qu'on ne saurait négliger.

ÉTUDE DU MODE OPÉRATOIRE.

Lors de ces premières recherches, nous avons appliqué un mode opératoire analogue à celui déjà essayé par M. Heinrich en Allemagne [1]. Ce procédé consistait à placer, sur le sol à observer, un cylindre en tôle d'acier dont le bas est aiguisé et la partie supérieure munie de deux poignées. Ce cylindre avait un diamètre de 25 centimètres et une hauteur de 22. En appuyant et en tournant en même temps, par un mouvement régulier, et non saccadé, on arrivait à l'enfoncer dans la terre d'une profondeur de 7 centimètres, le cylindre dépassant le sol de 15 centimètres; on l'emplissait d'eau et, à l'aide d'une petite règle divisée en centimètres que l'on accrochait à la paroi, on observait de quelle quantité baissait le niveau de l'eau en un temps donné.

Dès les premiers essais, nous avons dû reconnaître que bien des conditions influaient sur les observations.

C'est ainsi, par exemple, que lorsque le cylindre est enfoncé dans le sol, et qu'on y introduit de l'eau, celle-ci s'infiltre différemment pour une même nature de terrain suivant diverses conditions qu'il s'agit de bien définir. Lorsque le sol est ou non recouvert de végétation, l'infiltration est différente; lorsqu'il est tassé naturellement, par suite de l'absence de façons aratoires, il est moins perméable; lorsqu'il est au contraire fraîchement labouré, la rapidité avec laquelle l'eau le traverse augmente considérablement; lorsqu'il est sec, il boit l'eau plus avidement; lorsqu'il est mouillé, il ralentit son passage; lorsque la hauteur d'eau dans le cylindre est plus grande, elle coule plus rapidement; plus lentement, au contraire, lorsque le niveau baisse.

[1] Wolny, *Forschungen auf dem Gebiete der Agrikultur-Physik*, 1886, 9, 273.

Nous avons donc été amenés à conclure qu'il convenait d'opérer toujours dans des conditions comparables et, en particulier, de :

1° Maintenir constant le niveau de l'eau dans le cylindre:

2° Noter toujours l'état de la terre observée. Est-elle en jachère; est-elle nue ou recouverte de végétation, et de laquelle; est-elle labourée ou non? etc.

3° Remarquer si elle est au préalable imprégnée d'eau, s'il y a eu des pluies récentes, si elle est sèche;

4° Noter la rapidité d'écoulement dans l'état où se trouve la terre, en tenant compte surtout de cette rapidité d'écoulement lorsque le sol est imprégné d'eau, comme il le serait après une forte pluie ou après un arrosage. C'est à ce moment que s'établit un régime d'écoulement permanent et régulier, permettant les comparaisons.

Mais malgré les précautions prises, le procédé employé présentait bien des causes d'erreur : le sol était ébranlé par la pose du cylindre, surtout dans les terres très caillouteuses, et de l'eau filtrait parfois en suivant les parois du cylindre, pour remonter à sa périphérie. Une autre cause d'erreur plus grave, car elle était inhérente au procédé lui-même, résultait de la non-constance du niveau de l'eau dans l'appareil. Nous avons donc dû chercher à perfectionner le procédé primitif.

PROCÉDÉ DE MESURE DE LA PERMÉABILITÉ SUR LE TERRAIN.

Pour la réalisation des recherches entreprises dans le courant de l'année 1906, nous nous sommes servis d'un cylindre C de plus petit diamètre qui, plus maniable, pouvait être enfoncé dans le sol sans ébranler autant ce dernier. De plus, nous avons imaginé un dispositif permettant de maintenir constant le niveau de l'eau dans le cylindre.

Celui-ci (fig. 1), construit en tôle d'acier forte rivée ou mieux soudée au chalumeau à acétylène et oxygène, a 25 centimètres de hauteur et 112 millimètres de diamètre intérieur. Sa section est donc extrêmement voisine de 1 décimètre carré. Ses bords inférieurs sont tranchants. Ses bords supérieurs sont renforcés et munis de deux oreilles. Pour l'enfoncer dans le sol, on le place bien verticalement et on frappe avec un marteau en interposant un morceau de bois posé selon l'un des diamètres. On fait pénétrer ainsi le cylindre de 6 centimètres environ. En opérant soigneusement, il ne doit pas se former de fissures.

On réalise la constance du niveau de l'eau dans ce cylindre en se servant d'un flacon jaugeur F de 5 à 10 litres de capacité. Ce flacon porte une graduation en litres et en décilitres à partir du fond. Il est muni d'un bouchon de caoutchouc à un trou et d'un tube d'écoulement T, de 1 centimètre environ de diamètre intérieur, taillé en biseau.

Le cylindre étant en place, on introduit en son centre, posé à plat sur le sol, un disque en bois de 3 centimètres d'épaisseur. Le flacon jaugeur, vide, muni de son bouchon et du tube d'écoulement, est renversé sur le cylindre et le tube de verre enfoncé, de façon que, la paroi rétrécie du flacon reposant bien d'aplomb sur le cylindre, l'extrémité biseautée de ce tube

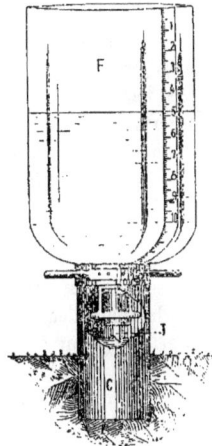

Fig. 1.

touche le disque de bois. Le réglage fait, on enlève le flacon et on retire le disque; on remplit complètement le flacon d'eau, on adapte le bouchon et on place le flacon renversé bien d'aplomb sur le cylindre. L'eau sort par le tube biseauté jusqu'à ce qu'elle atteigne une hauteur uniforme et constante de 3 centimètres au-dessus du sol. Cette hauteur se maintiendra pendant toute la durée de l'opération. En effet, si cette hauteur était inférieure à 3 centimètres, l'air rentrerait dans le flacon, et une quantité correspondante d'eau s'en écoulerait. Quand la hauteur d'eau atteint 3 centimètres, l'air ne peut plus rentrer et il ne se fait plus de nouvel écoulement du liquide.

Le flacon porte une graduation en litres et fractions de litre qu'on lit sans le déplacer. La lecture du volume peut commencer dès que le niveau de l'eau a atteint 3 centimètres d'épaisseur. On note alors le volume d'eau écoulée en même temps que l'heure et on répète cette lecture à des intervalles rapprochés, bien exactement mesurés, soit un quart d'heure par exemple. On continue ces observations pendant plusieurs heures, ou même du jour au lendemain, suivant la rapidité d'écoulement, qui peut varier dans des proportions considérables.

Si quelque fissure s'était produite, elle se colmaterait rapidement et n'entraînerait pas d'erreur, si on attendait quelques minutes avant de faire les premières lectures.

Au début, cette vitesse est plus grande et décroît ordinairement d'une façon assez rapide, en un temps variable suivant la nature de la terre. Il s'établit alors un régime permanent, c'est-à-dire que, dans le même temps, la quantité d'eau écoulée est la même. C'est surtout à ce moment que les observations deviennent intéressantes et sont réellement comparables. Pour des terres très perméables, ce régime permanent s'établit très vite. On fait alors les lectures à des intervalles rapprochés, et l'observation complète peut être terminée au bout de deux ou trois heures. Dans des terres peu perméables le régime permanent est plus long à s'établir, on fait ensuite les lectures à des intervalles plus éloignés et on est obligé de continuer les observations plus longtemps, quelquefois jusqu'au lendemain.

Les lectures des volumes écoulés n'ont pas besoin d'être effectuées à intervalles réguliers, mais on ramène toujours ces volumes à une unité qui est l'heure. Ainsi pour les observations de longue durée peut-on, par exemple, faire une lecture le soir et une autre le matin suivant. On les exprime en décilitres écoulés par heure.

DÉTERMINATION DE L'ÉCHELLE DE PERMÉABILITÉ.

La section du cylindre de tôle étant de 1 décimètre carré, un décilitre correspond à une hauteur d'eau de 1 centimètre. L'unité que nous avons adoptée correspond donc à une infiltration de 1 centimètre d'eau par heure. Supposons, par exemple, qu'au moment où le régime permanent s'est établi, il s'écoule par heure 1 litre 6 de l'eau des flacons jaugeurs. Cela correspond à 16 centimètres de hauteur d'eau qui se sont infiltrés par heure. Ce nombre 16 caractérise la perméabilité du sol envisagé et nous disons, pour abréger, que la perméabilité est 16.

Cette donnée permet de classer les terres selon leur degré de perméabilité.

Nos recherches de 1905 nous avaient montré qu'il y avait entre les différents sols des différences de perméabilité très grandes. Les essais que nous avons effectués à l'aide du procédé qui vient d'être décrit ont confirmé ces premiers résultats. Nous avons pu constater, par exemple, que des terres du bassin de la Garonne et, en particulier, du périmètre du canal de Saint-Martory, avaient une perméabilité qui ne dépassait pas 0.1 ou 0.2. Au contraire, certains sols de la vallée du Rhône, comme ceux arrosés par le canal de la Bourne, ont une perméabilité qui atteint 50 ou 60 et même 140.

Entre ces extrêmes, se classent tous les intermédiaires. Nous avons pu ainsi établir une échelle sur laquelle viennent se ranger les différentes terres, selon leur degré de perméabilité exprimé en centimètres de hauteur d'eau absorbée par heure.

MÉTHODES D'EXAMEN DES TERRES AU LABORATOIRE.

La méthode de mesure de la perméabilité sur le terrain présente l'avantage de prendre la terre telle qu'elle est en réalité, au moment où, par exemple, on lui donne l'eau d'irrigation. Les méthodes de laboratoire, au contraire, portent sur des échantillons qui ont été séchés, broyés, tamisés, manipulation qui leur font perdre la texture particulière qu'ils avaient dans le champ où ils ont été prélevés. Les propriétés physiques observées dans ces conditions ne peuvent donc pas être celles observées sur place et que la terre possède en réalité. On peut se demander même si la terre examinée au laboratoire n'est pas placée dans des conditions tellement éloignées de la pratique que les résultats ainsi obtenus n'ont plus une grande valeur.

Mais, d'autre part, les méthodes d'observation sur le terrain ne sont pas non plus sans donner prise à des critiques également très graves. Les propriétés physiques d'un sol donné et en particulier la perméabilité sont notamment très variables avec l'état momentané dans lequel ce sol se trouve : elles sont très différentes selon qu'il est récemment travaillé ou non, qu'il est nu ou couvert de végétation, qu'il est humecté ou en état de dessiccation, etc. Les procédés d'observation en plein champ ne rendent donc compte que des propriétés physiques momentanées de la terre au point particulier où l'essai a été fait. Les procédés de laboratoire, au contraire, ramènent toujours la terre à un état uniforme, quelles que soient les conditions de culture du sol. C'est là un avantage considérable, lorsque l'on a à faire l'étude d'ensemble d'un périmètre de surface étendue, qui comprend des terres à des états passagers très variés. D'où la nécessité d'employer simultanément les deux procédés.

Mais pour que l'essai au laboratoire ait une valeur pratique réelle, il ne faudra pas que la terre soit amenée à un état qui s'éloigne trop de l'un de ceux qu'elle prend en plein champ. On devra s'efforcer de la prendre à un état moyen type, toujours le même, qui permette des comparaisons.

En somme, pour se faire une idée exacte des propriétés physiques réelles du sol en place, il faut compléter ces recherches par une étude de l'influence de chaque état momentané du sol sur ces propriétés physiques. Par exemple la perméabilité type d'une terre de nature donnée ayant une certaine valeur, il faudrait multiplier le chiffre qui la représente par un coefficient propre à chaque état de culture du sol, pour avoir la valeur vraie de cette perméabilité.

Les essais de laboratoire pour la détermination des propriétés physiques des terres seront de deux sortes : les uns, qui sont des procédés analytiques, ayant pour but de déterminer la constitution intime de la terre ; l'analyse physique et mécanique de la terre qui permet de séparer les éléments selon leur finesse et de déterminer la proportion d'argile donne des indications précieuses sur les propriétés physiques.

D'autres méthodes permettront de faire la mesure directe de ces propriétés physiques.

ANALYSE PHYSIQUE ET MÉCANIQUE DES TERRES.

Prélèvement des échantillons. — On a prélevé des échantillons de terre en tous les points où la mesure directe de la perméabilité a été effectuée.

Le choix de ces points de prise suppose une étude géologique préalable de la surface considérée. Celle-ci est divisée en autant de zones qu'il y a de formations géologiques et agrologiques différentes. Ces zones étant reportées sur un plan ou une carte à grande échelle, avec leurs contours aussi nettement marqués que possible, on peut se rendre compte de l'importance de chacune d'elles.

C'est sur chaque partie ainsi délimitée, et regardée comme uniforme, que l'on fait choix des emplacements pour le prélèvement des échantillons. Si la zone considérée est peu étendue ou bien très homogène, un seul point de prise peut suffire. Dans les cas contraires, il faut multiplier le nombre de ces points, en se guidant, pour cela, sur les indices qui peuvent s'offrir : aspect du terrain, nature et apparence de la végétation spontanée, ainsi que des récoltes. Il convient toutefois de s'en tenir aux grandes lignes. Il serait hors de propos de prélever des échantillons sur des surfaces de minime importance, existant d'une façon accidentelle.

Le point de prise étant fixé, on creuse une tranchée de profondeur variable suivant la nature du sous-sol. Dans tous les cas, il faut que la tranchée permette l'étude de toutes les couches qui ont une influence sur la perméabilité. Dans la majorité des cas, une profondeur de 50 ou 60 centimètres suffit. On prend un échantillon moyen, de 1 kilogramme environ, représentant la couche de terre envisagée et on le place dans un sac de toile portant un numéro d'ordre.

Analyse physico-chimique et mécanique. — Au laboratoire, l'échantillon est mis à sécher à l'air libre, en évitant de faire intervenir l'action de la chaleur, qui pourrait en modifier la constitution. Il est alors broyé et passé au tamis de 2 millimètres de mailles, pour en éliminer les cailloux et les débris organiques les plus grossiers.

Sur un petit échantillon passé au tamis n° 25, de 1 millimètre de mailles, on effectue l'analyse physico-chimique par le procédé de M. Schlœsing. Ce procédé est trop connu pour que nous en fassions la description. Il donne la teneur en sable grossier siliceux et calcaire, sable fin siliceux et calcaire et enfin argile et humus.

Sur l'échantillon passé au tamis de 2 millimètres, on procède à l'analyse mécanique par le procédé de M. Kopecky et au moyen de son appareil. Cet appareil est une modification de celui de Schöne, dont l'emploi est très répandu en Allemagne et qui est lui-même un perfectionnement de l'appareil de Masure. La méthode de Kopecky est plus simple que celle de Schöne et exige moins de temps pour effectuer une analyse.

Ces appareils mettent en œuvre la lévigation pour classer les éléments de la terre selon leur grosseur, ou plutôt la vitesse avec laquelle ils tombent au sein de l'eau.

Dans le vide, les particules terreuses tombent selon un mouvement uniformément accéléré qui est représenté par la formule

$$dv = g\,dt$$

où v est la vitesse au bout du temps t, et g l'accélération due à la pesanteur. Dans l'eau la chute de ces particules est retardée par une résistance qui est fonction de la surface des particules et qu'on peut admettre comme proportionnelle à la vitesse de chute. La formule de mouvement devient alors :

$$dv = (g - kv)\, dt,$$

k étant un coefficient d'autant plus grand que les particules sont plus fines et possèdent par conséquent une surface plus grande par rapport à leur masse.

L'accélération $g - kv$ diminue en même temps que la vitesse augmente; elle devient nulle pour

$$v = \frac{g}{k}.$$

Quand des particules sont en suspension dans l'eau, elles finissent donc, lorsque leur vitesse atteint la valeur précédente, par tomber avec un mouvement uniforme dont la vitesse est d'autant plus faible que ces particules sont plus ténues.

Si l'eau est en repos, les particules terreuses se déposent au fond du vase, les plus grossières d'abord, puis d'autres de plus en plus ténues. C'est sur ce principe que s'appuient de nombreuses méthodes de lévigation, notamment celle de M. Schlœsing. On peut objecter à ce procédé que la séparation des éléments suivant leur taille ou leur vitesse de chute n'est pas complète. Supposons en effet deux particules terreuses, l'une A à la partie supérieure du vase, l'autre B, à mi-hauteur. La particule A aura à parcourir pour se déposer un chemin moitié plus long que B et si elles ont la même vitesse de chute, A se déposera avant B, et la particule A n'arrivera au fond du vase qu'en même temps que des particules parties du point B ayant une vitesse de chute égale à la moitié de celle de A. Des particules beaucoup plus fines encore pourront également se déposer en même temps si, au moment de la mise en suspension, elles sont plus près du fond. Il pourra donc se déposer en même temps et se confondre dans le même lot des particules de toutes dimensions.

On ne peut pas faire le même reproche aux appareils à lévigation proprement dits.

Dans ceux-ci, l'eau au sein de laquelle la terre est mise en suspension est en mouvement et possède une vitesse ascendante uniforme. Supposons une particule terreuse ayant une vitesse de chute v.

L'eau, dans laquelle elle tombe, ayant une vitesse v' de sens contraire, la vitesse résultante de la particule terreuse sera $v - v'$.

Si on a $v > v'$, on aura $v - v' > o$ et la particule se déposera au sein de l'eau en mouvement.

Si au contraire on a $v < v'$ et $v - v' < o$ la particule ne se déposera pas et sera entraînée. Par ce procédé, on obtiendra donc une séparation parfaite entre les éléments ayant une vitesse de chute supérieure à v' et ceux dont la vitesse est inférieure.

On peut faire au principe de ce procédé une objection qui peut d'ailleurs être opposée au principe de la lévigation en général.

La vitesse de chute v qui sert à caractériser les éléments terreux n'est pas fonction directe de la dimension de ces éléments, le coefficient k variant en effet en raison inverse de la densité des particules et en raison inverse du rapport de leur masse à la projection de leur surface sur un plan horizontal. Les erreurs provenant des variations de la densité sont faibles, car la densité des éléments constituants de la terre ne varie qu'entre des limites rapprochées. Il n'en est pas de même du rapport de la masse à la projection horizontale de la masse. Pour les particules à forme très irrégulière, ce rapport est relativement très faible et les particules sont entraînées par lévigation en même temps que des particules beaucoup plus ténues. Bien plus, le rapport de la masse à la projection horizontale de la surface peut varier beaucoup suivant l'orientation des éléments.

Ce défaut très sérieux de la méthode ne peut être évité; mais la même critique peut être faite à tous les procédés de séparation mécanique des éléments, y compris le tamisage. Elle n'est donc pas une cause d'infériorité du procédé de lévigation dont nous venons de donner le principe et que nous avons adopté comme le meilleur de ceux proposés jusqu'à présent.

L'appareil de Kopecky (fig. 2) se compose de trois allonges A, B, C; elles ont une partie cylindrique qui se continue vers le bas par une partie conique.

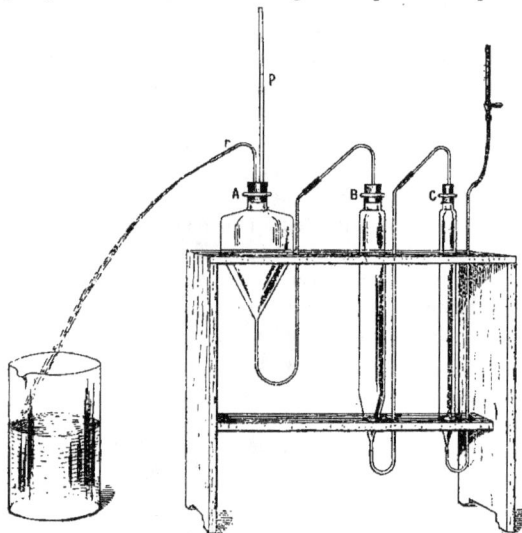

Fig. 2.

Dans leur partie cylindrique elles ont des diamètres intérieurs qui sont respectivement :

Pour C, de 3o millimètres;

Pour B, de 56 millimètres;

Pour A, de 178 millimètres.

On fait passer dans les trois allonges un courant ascendant d'eau, de vitesse constante, que l'on règle en maintenant à un trait de repère le niveau dans le tube piézométrique p. Le débit de l'appareil doit être alors de 1 litre en 208 secondes et la vitesse du courant ascendant dans chaque allonge est :

En C, de 7 millimètres par seconde;

En B, de 2 millimètres par seconde;

En A, de o millim. 2 par seconde.

Si l'on suppose que l'eau qui traverse successivement les allonges tient en suspension des particules terreuses de différentes tailles, on verra se déposer en C celles qui ont une vitesse de chute dans l'eau supérieure à 7 millimètres par seconde, en B celles dont cette vitesse de chute est supérieure à 2 millimètres par seconde et, en A, les éléments à vitesse de chute supérieure à o millim. 2 par seconde. Les parties plus ténues seront entraînées hors de l'appareil. L'expérience, de même que le calcul, ont montré qu'à ces vitesses de chute différentes correspondent des catégories de sables dont les dimensions sont comprises entre certaines limites.

En C se déposent les éléments ayant un diamètre $D > 0$ millim. 1 ;

En B se déposent les éléments ayant un diamètre o millim. $1 > D' > 0$ millim. o5 ;

En A se déposent les éléments ayant un diamètre o millim. o5 $> D'' > 0$ millim. o1.

Hors de l'appareil sont entraînées les parties lévigables dont le diamètre $D''' <$ o millim. o1.

L'appareil étant réglé, voici comment on effectue l'analyse mécanique d'un échantillon de terre. Cet échantillon séché à l'air est passé au tamis de 2 millimètres de mailles qui sépare les cailloux et les débris organiques grossiers. On en pèse 5o grammes que l'on place dans une capsule avec 3oo ou 4oo centimètres cubes d'eau. Pour les terres difficiles à délayer, il est avantageux de faire cette opération la veille du jour où l'on fait la lévigation. On fait ainsi tremper pendant une douzaine d'heures, puis on porte à l'ébullition pendant une heure et demie à deux heures. Pendant cette coction, on a soin de remuer fréquemment le sable qui se dépose au fond de la capsule et de remplacer l'eau évaporée de façon à maintenir son niveau constant. Quand l'ébullition a bien désagrégé et bien isolé les particules sableuses de l'argile, on laisse refroidir et reposer. Pendant ce temps, on a rempli complètement d'eau les allonges de l'appareil à lévigation. A l'aide d'un siphon, on vide partiellement l'allonge B et complètement l'allonge C. On décante le liquide trouble surnageant de la capsule dans l'allonge B, puis on rajoute un peu d'eau, et en frottant avec le doigt on finit de désagréger complètement le dépôt terreux. On décante le liquide trouble dans l'allonge C; on continue à ajouter de l'eau et délayer avec le doigt jusqu'à ce que le sable soit parfaitement désagrégé et débarrassé d'argile. On finit par l'entraîner dans l'allonge C. On remplit d'eau les allonges B et C, on ajuste les bouchons et les tubes de communication, en s'arrangeant de manière que les allonges et les tubes qui les relient soient parfaitement remplis d'eau. On fait alors passer le courant d'eau et on règle la vitesse en amenant à son trait de repère le niveau de l'eau dans le tube piézométrique p. On laisse la lévigation se continuer jusqu'à ce que l'eau qui sort de l'appareil soit limpide ou à peine louche, ce qui demande de 2 à 3 heures.

Les lots de sable déposés dans chaque allonge sont entraînés dans des capsules tarées et séchés à 110 degrés. Le sable de l'allonge C est divisé en quatre lots par tamisage sur les tamis n° 25, n° 6o et n° 120.

Par différence, on calcule le poids des parties lévigables entraînées hors de l'appareil et qui n'ont pas été recueillies. On en retranche le poids de l'argile déterminé par la méthode Schlœsing. Finalement on a déterminé les catégories suivantes :

		DIMENSIONS EN MILLIMÈTRES.	DÉSIGNATION.
	Retenu sur le tamis 25....	$2,00 > D > 1,00$	*Gravier.*
Déposé dans l'allonge C.	Retenu sur le tamis 6o....	$1,00 > D > 0,50$	*Sable grossier.*
	Retenu sur le tamis 120...	$0,50 > D > 0,25$	*Sable moyen.*
	Passé à travers le tamis 120.	$0,25 > D > 0,10$	*Sable fin.*

MM. A. Müntz, L. Faure et E. Lainé.

2

	DIMENSIONS EN MILLIMÈTRES.	DÉSIGNATION.
Déposé dans l'allonge B................	$0,10 > D > 0,05$	*Limon sableux*
Déposé dans l'allonge A................	$0,05 > D > 0,01$	*Limon fin.*
Parties lévigables moins l'argile..........	$D < 0,01$	*Limon très fin.*
Déterminé par l'analyse physico-chimique................		*Argile.*

Nous nous sommes efforcés d'établir les relations qui existent entre la constitution physique de la terre, définie ainsi que nous venons de la décrire, et les propriétés physiques ou mécaniques de cette terre. Parmi ces dernières, nous n'avons retenu que celles qui ont trait aux rapports de la terre et de l'eau.

MÉTHODES DE LABORATOIRE POUR LA MESURE DES PROPRIÉTÉS PHYSIQUES DES TERRES.

Capacité pour l'eau ou faculté d'imbibition. — Les éléments du sol laissent entre eux des espaces vides. Dans la terre sèche, ces espaces sont occupés par de l'air; si on vient à mouiller ctete terre ils se remplissent plus ou moins complètement d'eau. On appelle *capacité maxima* de la terre pour l'eau la quantité maxima d'eau qu'elle peut ainsi retenir dans ses pores. Elle est réalisée quand les pores sont occupés d'une façon complète par de l'eau. La capacité pour l'eau maxima, exprimée en volume, est alors précisément égale au volume des espaces vides ou *porosité*. Sa détermination n'offre pas d'intérêt pratique. Il est beaucoup plus utile de déterminer la quantité d'eau retenue par la terre lorsque celle-ci est ressuyée; c'est ce qu'on appelle la capacité pour l'eau absolue, ou tout simplement *capacité pour l'eau*. Voici comment nous déterminons cette propriété.

La terre séchée à l'air est passée au tamis de 2 millimètres et introduite dans un tube de verre T (fig. 3) ayant une section intérieure de 10 centimètres carrés. Ce tube est fermé à une extrémité par une toile métallique fine n° 120, bien tendue, et il porte un trait à 5 centimètres de ce fond, limitant par conséquent une capacité de 50 centimètres cubes. La terre y est introduite par petites portions et tassée à l'aide d'un bouchon de liège B entrant dans le tube à frottement doux que l'on charge avec un poids P de 1 kilogramme. On en introduit ainsi jusqu'à ce que le volume de 50 centimètres cubes soit atteint. On pèse alors le tube. On a, d'autre part, déterminé l'eau hygrométrique que la terre séchée à l'air contient encore. On peut ainsi calculer le poids P_1 de terre sèche que le tube contient.

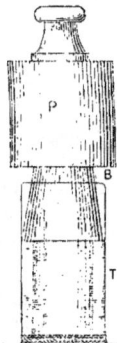

Fig. 3.

On sature alors cette terre d'eau. Dans ce but, on fait plonger le tube de quelques millimètres dans l'eau contenue dans une cuvette à fond plat. L'eau monte dans la terre par capillarité et finit par la mouiller complètement. On la laisse ainsi tremper pendant 24 heures. Il est utile d'attendre un temps aussi long, car certaines terres très argileuses, ou riches en matières organiques, mettent un temps assez considérable pour se mouiller parfaitement. Elles foisonnent d'ailleurs d'une façon notable en s'hydratant. Une fois bien mouillées nous les ressuyons. Nous utilisons pour cela un procédé indiqué par M. Kopecky qui consiste à les placer sur de la terre de même nature, séchée à l'air et tamisée. La terre mouillée abandonne de l'humidité à la terre sèche et au bout de quelques heures ne perd plus sensiblement de poids. A ce moment on la pèse. On détermine ainsi un second poids P_h.

La terre en s'hydratant et en se ressuyant a pu subir des variations notables de volume, surtout si elle est argileuse. On la tasse de nouveau en plaçant sur sa surface supérieure le bouchon de liège chargé d'un poids de 1 kilogramme. Par cette opération, on lui fait occuper de nouveau toute la section du tube si elle s'est contractée sur elle-même. On mesure alors la hauteur qu'elle occupe dans le tube et on en déduit son volume V.

Le poids de la terre sèche occupant le volume V étant P_s, celui du même volume de terre humide étant P_h, le poids d'eau retenue par l'unité de volume de terre, ou capacité pour l'eau en volume, est donné par la formule :

$$C_v = \frac{P_p - P_s}{V}.$$

Poids spécifique apparent. — Nous avons déterminé le poids P_s de la terre sèche occupant le volume V. Le poids spécifique apparent, ou poids de l'unité de volume, est donné par la formule :

$$D_a = \frac{P_s}{V}.$$

Capacité pour l'eau en poids. — La capacité pour l'eau peut être rapportée par le calcul au poids de la terre sèche; elle est donnée par la formule :

$$C_p = \frac{C_v}{D_a}.$$

Densité réelle. — Cette détermination n'a pas d'intérêt pratique en elle-même, mais elle est nécessaire pour déterminer d'autres propriétés physiques de la terre. On la mesure par la méthode classique du flacon. Environ 10 grammes de terre sont séchés à l'étuve et pesés; on obtient un poids P. On les introduit dans un flacon à densité de 50 centimètres cubes de capacité, que l'on remplit d'eau distillée, en ayant soin de délayer parfaitement la terre dans l'eau, afin d'éliminer toute trace d'air. On pèse et on obtient un poids π. On a au préalable déterminé le poids π' du flacon simplement rempli d'eau distillée. La densité de la terre est :

$$D_r = \frac{P}{\pi - \pi'}.$$

Cette densité varie peu selon les terres. Elle est généralement comprise entre 2.5 et 2.7.

Porosité. — Connaissant la densité apparente D_a et la densité réelle D_r de la terre, il est facile de calculer le volume des espaces vides ou porosité P. La formule suivante donne P par 100 volumes :

$$P = 100 \frac{D_r - D_a}{D_r}.$$

La porosité est d'autant moindre que la terre est plus tassée. Aussi, est-il nécessaire d'opérer ce tassement dans des conditions bien comparables et bien définies. C'est ce que nous nous sommes efforcés de réaliser, sans avoir, nous le reconnaissons, atteint la perfection. Mais nous verrons que la porosité varie également dans d'assez larges limites selon la constitution de la terre. Par exemple, les terres argileuses ont une porosité très grande, tandis que les terres sableuses non argileuses, que l'on appelle souvent « terres légères », ont une porosité beaucoup plus réduite.

Capacité pour l'air. — Dans la terre mouillée, les espaces vides sont occupés par de l'eau plus ou moins complètement. Une partie est occupée par de l'air. Il y a un intérêt très grand à connaître ce volume des espaces vides qui sont ainsi remplis d'air dans la terre mouillée et ressuyée. M. Kopecky l'appelle *capacité pour l'air.*

C'est la différence entre le volume total des espaces vides ou porosité P et le volume de ces espaces vides occupés par l'eau ou capacité en volume C_v :

$$C_a = P - C_v.$$

La capacité pour l'air est très faible dans les terres dites asphyxiantes. Lorsque l'on veut arroser ces terres, il faut le faire avec des précautions particulières. Elles sont d'ailleurs très peu perméables : nous verrons qu'elles sont généralement formées de sable non argileux à éléments extrêmement fins.

Mesure de la perméabilité. — Au laboratoire, nous nous servons, pour faire cette détermination, du même tube qui a servi pour les essais précédents. Il contient la terre mouillée, puis ressuyée et tassée sous une pression de 1 kilogramme par 10 centimètres carrés. On y verse de l'eau de façon à en avoir à la surface de la terre une épaisseur constante de 2 centim. 5 et on mesure l'eau qui la traverse en un temps donné.

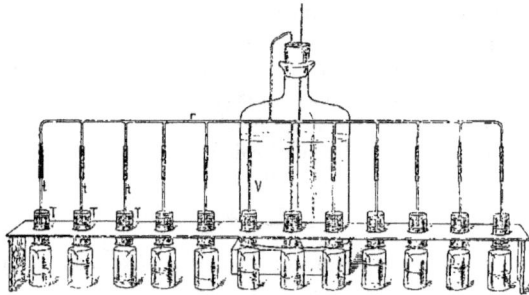

Fig. 4.

L'expérience est réalisée par le dispositif suivant (fig. 4). On opère sur douze tubes à la fois. Ils sont fixés à la même hauteur sur une planche percée de trous de diamètre convenable. On y amène l'eau par les tubes *t, t,* qui sont reliés à un tube à 12 tubulures, constituant l'une des branches d'un siphon dont l'autre branche plonge dans un vase *v* où de l'eau est maintenue à un niveau constant. Quand le siphon est amorcé, le niveau de l'eau dans chaque tube est lui-même maintenu constant. On le règle de façon qu'il soit à 2 centim. 5 au-dessus de la surface de la terre.

ÉTUDES EFFECTUÉES EN 1906.

CONSIDÉRATIONS GÉNÉRALES.

Maintenant que nous avons décrit les procédés que nous employons dans nos recherches, nous donnons les résultats de leur application à l'étude des terrains.

Nos études effectuées en 1905 sur les aptitudes de la terre à utiliser l'eau d'arrosage avaient consisté surtout en tâtonnements et en recherches sur le mode opératoire à adopter.

Mais, en outre, les études sur le terrain nous avaient déjà conduits à des constatations intéressantes et inattendues. En plaçant sur la terre un cylindre, en le remplissant d'eau et en observant la rapidité avec laquelle celle-ci s'infiltre dans la terre, selon le mode opératoire que nous avions primitivement adopté, nous avons constaté qu'il existe des différences énormes, du simple au centuple, et bien au delà entre les diverses terres, dans la rapidité avec laquelle elles se laissent traverser, c'est-à-dire entre ce que nous pouvons appeler la perméabilité. En comparant les chiffres fournis par ces mesures avec les observations culturales, nous avons vu que les endroits où les arrosages donnent de médiocres résultats coïncident en général avec une faible perméabilité; que là, au contraire, où les arrosages sont avantageux, la terre se laisse facilement pénétrer et traverser. De là, l'idée nous est venue de proportionner les quantités d'eau à distribuer, non pas seulement à l'unité de surface, comme on le fait d'habitude, mais aussi à la perméabilité, puisque celle-ci peut servir de mesure à l'aptitude des sols à recevoir l'eau.

Nous avions pensé ainsi à établir une sorte d'échelle de perméabilité permettant de classer les terres en un certain nombre de catégories, à chacune desquelles correspondrait un volume d'eau déterminé. C'est à l'étude de cette question que nous nous sommes attachés dans le courant de l'année 1906, en même temps que nous avons perfectionné considérablement le mode opératoire primitivement adopté. La méthode que nous avons appliquée a été décrite plus haut. Ce nouveau dispositif permet de mener de front plusieurs observations en des points même assez éloignés. Il nous a donc été possible d'obtenir des résultats nombreux, sur des contrées plus étendues. Le grand nombre de données ainsi recueillies a pleinement confirmé ce que nous avions déjà signalé en 1906, c'est-à-dire les différences énormes de perméabilité entre des terres de diverses natures et le rapport étroit entre les chiffres exprimant cette perméabilité et l'aptitude d'une terre à l'arrosage.

Ces données nous ont permis également d'établir une sorte d'échelle où chaque terre vient se placer sous un numéro qui exprime le nombre de centimètres de hauteur d'eau qu'elle absorbe par heure, mesuré avec notre appareil, lorsque le régime d'écoulement régulier est établi. Ce nombre qui caractérise la perméabilité de chaque terre peut varier entre des limites extrêmement larges, certaines terres ayant une perméabilité exprimée par 0.1 ou 0.2, d'autres ayant une perméabilité 50 ou 60, c'est-à-dire 500 ou 600 fois plus grande.

Sans nous dissimuler ce que cette classification peut avoir d'arbitraire et d'imparfait, nous avons vu cependant qu'elle permet de diviser les terres en catégories ayant des perméabilités de même ordre de grandeur, et de se guider sur cette mesure pour déterminer les quantités d'eau qui peuvent être utilement distribuées dans un périmètre déterminé.

En vue de donner à nos résultats une contingence avec des projets d'arrosage en cours, nous avons opéré principalement dans les localités où se poursuivent actuellement des études à cet effet.

ÉTUDE DES TERRAINS DOMINÉS PAR LE CANAL LATÉRAL À LA GARONNE.

Dans la vallée de la Garonne, entre Toulouse et la Réole, le canal latéral à la Garonne (pl. I), bien que destiné à la navigation, est construit de telle sorte qu'il pourrait fournir à l'agriculture une certaine quantité d'eau d'arrosage, représentant sur l'ensemble de son parcours un débit de 5 à 6 mètres cubes à la seconde.

Le périmètre dominé par le canal, c'est-à-dire celui dont la situation topographique permet l'amenée directe de l'eau, peut être évalué à près de 200,000 hectares. Mais les quantités d'eau disponibles ne permettraient l'arrosage que d'une surface de 6,000 à 10,000 hectares, soit à peine le vingtième du périmètre dominé.

Plusieurs demandes ont été déjà adressées au Service de ce canal pour l'utilisation de cette eau. Il est probable que d'autres seront formulées encore. Nous avons cru intéressant de faire l'étude des terres qui forment l'ensemble du périmètre dominé. L'eau d'arrosage disponible étant, en effet, loin d'être en quantité suffisante pour l'irriguer en entier, il nous a semblé utile de rechercher quels étaient les terrains qui se prêtaient le mieux à l'irrigation et pouvaient en retirer les plus grands bénéfices. Il y avait lieu de voir aussi s'il ne s'y rencontrait pas, comme sur le périmètre de Saint-Martory que nous avions étudié en 1905, des sols si peu perméables que l'amélioration apportée du fait de l'arrosage y est aléatoire. Nous avons donc voulu faire une étude d'ensemble, qui pût servir de guide aux Services de l'Hydraulique et des Améliorations agricoles dans l'étude des projets qui leur sont soumis.

La vallée de la Garonne, au point de vue géologique, est creusée dans la masse des terrains miocènes constitués principalement par des mollasses. C'est à la fin de l'époque pliocène et pendant l'époque quaternaire que les torrents descendant des Pyrénées et du Plateau Central creusèrent leurs vallées. En même temps, ils déposèrent des alluvions dont les dépôts aujourd'hui disposés en terrasses indiquent la largeur et la hauteur des vallées successives au fond desquelles elles se sont formées.

Aux environs de Toulouse, par exemple, on distingue, au-dessus de la basse plaine de la Garonne, trois terrasses d'alluvions anciennes. La basse plaine elle-même est formée d'alluvions anciennes remaniées ou recouvertes de limons déposés par les crues actuelles de la Garonne. Ce fleuve a une allure torrentielle et le tracé de son lit est très inconstant. Tandis qu'il arrache les matériaux en certains points de ses rives, il va déposer des limons en d'autres, pour former de nouveaux terrains très souvent d'une très grande fertilité, qu'on appelle des *ramiers*. Ces terrains sont soit plantés de peupliers dont la croissance est extrêmement rapide, soit cultivés en prairies ou en plantes fourragères annuelles.

Il faut donc distinguer encore au-dessous de la terrasse qu'on appelle «basse plaine de la Garonne» une autre terrasse plus inférieure encore, qui se réduit par endroits au lit même du fleuve, mais dont la largeur atteint parfois 1 à 2 kilomètres. Il n'y a d'ailleurs pas lieu d'irriguer cette terrasse, car la terre s'y maintient toujours très fraîche, étant presque au niveau du lit de la Garonne. Elle est soumise à des inondations très fréquentes, qui ne permettent d'y faire que certaines cultures appropriées.

Les terrains susceptibles d'être arrosés par les eaux disponibles du canal latéral appartiennent à la basse plaine, formée d'alluvions modernes marqués a^2 sur la carte géologique, et quelquefois à la troisième terrasse ou terrasse inférieure des alluvions anciennes a^{1c}.

Le canal latéral qui suit la rive droite du fleuve recueille à Toulouse les eaux du canal du Midi. De plus, il possède à Toulouse également une prise directe dans la Garonne. Dans la banlieue de Toulouse, il ne domine pas le pays traversé et n'est pas susceptible de servir à l'irrigation; mais peu à peu il s'éloigne du fleuve. La pente de ce dernier étant considérable, voisine de 1 mètre par kilomètre, son niveau ne tarde pas à devenir supérieur à la basse plaine et à 10 ou 15 kilomètres de Toulouse ses eaux pourraient servir à l'arrosage sans qu'il soit nécessaire de les élever artificiellement.

Jusqu'à Grisolles, la rive droite de la vallée est constituée uniquement par des alluvions modernes, qui s'étendent du fleuve aux collines de mollasses aquitaniennes. Cette plaine, sensiblement horizontale, a 4 à 5 kilomètres de largeur.

Nous y avons effectué des essais de perméabilité et prélevé des échantillons à l'École pratique d'agriculture de la Haute-Garonne, à Ondes (pl. IV, p. 64).

Le domaine de cette école est situé sur les bords de la Garonne, au confluent de l'Hers. Il représente à peu près le type des terres de la basse plaine de la Garonne, depuis Toulouse. Ce type est d'ailleurs assez uniforme.

Le sol est constitué par des limons provenant des Pyrénées granitiques ou schisteuses, limons jaunâtres, sans cailloux, à éléments très fins, argileux, très pauvres en carbonate de chaux. Par l'humidité, ils forment une boue difficile à travailler. Par la sécheresse, ils subissent un retrait considérable et se crevassent. Leur épaisseur est considérable et atteint 1 m. 50 ou 2 mètres à Ondes, où ils reposent sur un lit de gravier perméable.

Voici les résultats de l'observation de la perméabilité sur le terrain. Ils ont été effectués le 8 septembre 1906, après une sécheresse de trois ou quatre mois sans pluie.

Échantillon n° 95. — 1° Dans un chaume de blé cultivé à plat : le sol est très fissuré, mais on choisit pour installer l'appareil un emplacement sans crevasses apparentes.

Le degré de perméabilité a été, pendant le régime permanent, **1.00**.

Échantillon n° 96. — 2° Champ de luzerne arrosé : l'observation a été faite sur une partie un peu haute, mal arrosée et sèche au moment de l'essai.

Le degré de perméabilité a été, pendant le régime permanent, **5.4**.

On remarque immédiatement que la perméabilité s'est montrée sensiblement plus grande dans la luzerne en terre sèche que sur le chaume de blé. Nous aurons fréquemment l'occasion de vérifier ce fait que les terrains de même nature, suivant qu'ils sont gazonnés ou non, suivant aussi que l'engazonnement est plus ou moins ancien, présentent des différences notables au point de vue de la rapidité avec laquelle l'eau les traverse. Lorsque la sécheresse est grande, comme c'était le cas en 1906, les terres engazonnées laissent filtrer l'eau avec beaucoup plus de rapidité que celles qui sont labourées, et ces différences peuvent varier du simple au quintuple et au delà.

En cherchant la cause de ce fait, assez surprenant au premier abord, nous avons constaté qu'il tient principalement à la présence de racines mortes, qui, au moment de leur vitalité, gonflées et sous l'influence de leur puissance végétative, ont comprimé le terrain tout autour d'elles, et plus tard, desséchées et ratatinées, ont laissé des canaux nombreux partout où elles s'étaient développées. L'eau trouve donc là des chemins pour s'infiltrer dans le sol.

L'année précédente, opérant en période humide, c'est l'inverse que nous avions constaté. Des terres en luzerne, et surtout en prairie naturelle, dans lesquelles, du fait d'une humidité persistante, la flétrissure et le desséchement du système radiculaire, et, par suite, la formation de canaux ne s'était pas produite, ont offert au passage de l'eau une plus grande résistance que les mêmes terres labourées. Les terres soumises à l'irrigation d'une façon régulière sont d'ailleurs dans un état comparable à celui où elles se trouveraient dans une période d'humidité. Nous aurons souvent l'occasion de revenir sur ces faits.

Quant aux observations de perméabilité faites à Ondes, nous devons prendre surtout en considération celles exécutées sur le chaume de blé, en remarquant toutefois que l'essai ayant été effectué en période de grande sécheresse, au moment où la terre était largement fissurée, les résultats obtenus sont plutôt forts, c'est-à-dire que la perméabilité obtenue dans une terre irriguée régulièrement se montrerait plutôt plus faible.

Le sol du domaine d'Ondes est donc peu perméable, mais il est encore suffisamment pour que les arrosages puissent y réussir, et, en fait, ils donnent de bons résultats.

L'analyse physico-chimique et l'analyse mécanique des échantillons, prélevés aux points où les essais ont été effectués, ont donné les résultats suivants :

ANALYSE PHYSICO-CHIMIQUE.

			TOTAL.	SILICEUX.	CALCAIRE.	DÉBRIS ORGANIQUES.
N° 95 .	Sable....	grossier	320.0	316.7	0.7	2.6
		fin	481.3	476.2	5.1	//
	Argile..................		178.5	//	//	//
	Humus		4.1	//	//	//
N° 96 .	Sable....	grossier.........	333.9	329.7	0.8	3.4
		fin	476.1	469.4	6.7	//
	Argile		167.8	//	//	//
	Humus		9.4	//	//	//

ANALYSE MÉCANIQUE.

N° 95 .	Gravier..		0.87
	Sable....	grossier	5.03
		moyen................................	8.51
		fin	4.37
	Limon...	sableux................................	11.08
		fin	23.33
		très fin	29.12
	Argile...		17.69

Ces chiffres montrent que le limon d'Ondes est constitué par des éléments très fins, non calcaires. Ce sont les limons fins et très fins qui dominent presque exclusivement. Cette prédominance est une cause d'imperméabilité, mais elle est corrigée par la présence d'une proportion notable d'argile. Celle-ci a pour effet de former avec les particules sableuses très fines des agrégats, qui laissent entre eux des espaces vides de dimensions plus grandes. L'effet de l'argile, lorsqu'elle n'est pas présente au delà de certaines proportions, est de diminuer la compacité des sols formés de sables très fins; elle leur donne de la perméabilité. Nous aurons souvent l'occasion de revenir sur ce fait, qui semble au premier examen un peu paradoxal.

L'examen des propriétés physiques au laboratoire a donné les résultats suivants :

		N° 95.	N° 96.
Densité...	réelle..............................	2.63	2.67
	apparente...........................	1.55	1.49
Porosité..		41.10	44.20
Capacité .	pour l'eau en volume.....................	36.30	34.30
	pour l'air..........................	4.80	9.90
	pour l'eau en poids.....................	23.40	23.00
Capillarité (hauteur d'ascension par heure de l'eau par capillarité) en centimètres.............................		8.60	15.80
Perméabilité (hauteur d'eau qui s'infiltre par heure) en centimètres...		0.12	1.63

A l'examen de ces chiffres, on peut voir que ces deux terres, à peu près de même constitution, ont une porosité assez grande. Il faut attribuer cette propriété à la haute teneur en argile qui, ainsi que nous venons de le voir, corrige la compacité due à la finesse des autres éléments. Cette forte proportion d'argile, par suite de l'affinité pour l'eau de ce dernier élément, explique également la grande faculté d'imbibition de cette terre. Il en résulte que la capacité pour l'air est faible. Cette terre se ressuie donc assez mal lorsqu'elle est mouillée, et l'arrosage ne doit y réussir que si les colatures sont aménagées avec soin. En place, le succès des arrosages est facilité par le drainage assuré par un sous-sol graveleux très perméable. D'autre part, le domaine d'Ondes a été défoncé à une grande profondeur il y quelques années, et cette opération qui a corrigé les défauts naturels de cette terre n'a pas été non plus sans influence sur la réussite de l'irrigation.

Il est à remarquer que le n° 96 provenant de la luzernière a moins de compacité et que les mouvements de l'eau s'y effectuent plus facilement. Il faut sans doute attribuer cette qualité à sa richesse plus grande en humus et en résidus organiques.

A Grisolles, situé à 6 kilomètres environ au nord d'Ondes, et à 25 kilomètres de Toulouse, les collines de mollasse aquitaniennes qui limitent la vallée de la Garonne à gauche et la séparent de celle du Tarn commencent à s'abaisser. Au pied de ces collines apparaissent des alluvions anciennes appartenant à la plus inférieure des terrasses d'alluvions diluviennes, (a^{lc} de la carte géologique). Cette terrasse domine la basse plaine de 10 mètres environ. Le canal latéral qui, depuis Castelnau, longe le pied des collines, pénètre sur cette terrasse à Grisolles. Les terrains qu'il serait susceptible d'arroser sont formés en majeure partie par les alluvions modernes de la basse plaine qui, à Grisolles, a environ 3 kilomètres de largeur, la terrasse d'alluvions anciennes ne s'étendant guère que sur 1 kilomètre de largeur. Les alluvions actuelles on ramiers de la Garonne s'étendent jusqu'à environ 1 kilomètre du fleuve.

Aux environs de Grisolles nous avons effectué des essais et prélevé des échantillons aux points suivants :

Échantillon n° 106. — A 150 mètres au sud-ouest de la métairie de Luché (commune de Grisolles), à 150 mètres au pied de la terrasse d'alluvions anciennes, sur les alluvions modernes de la basse plaine de la Garonne. La terre, de couleur jaunâtre, est très argileuse, sans cailloux et elle a plus de 1 mètre d'épaisseur. Elle durcit beaucoup par la sécheresse, forme de grandes crevasses et prend une apparence cornée. Par l'humidité elle se met en boue et devient très difficile à travailler. Les cultures dominantes sont les céréales, le sorgho à balais, etc.

Au moment du prélèvement, le 13 septembre 1906, la sécheresse est extrême: il n'a pas plu depuis 5 mois. On a fait l'observation de la perméabilité et prélevé un échantillon dans un chaume de blé, cultivé à plat, qui n'a pas reçu de façon depuis la moisson.

La perméabilité a été pendant le régime permanent : 1.9.

L'analyse physico-chimique et l'analyse mécanique ont donné les résultats suivants :

ANALYSE PHYSICO-CHIMIQUE.

		TOTAL.	SILICEUX.	CALCAIRE.	DÉBRIS ORGANIQUES.
Sable....	grossier	200.8	193.8	5.5	1.5
	fin	445.2	420.1	25.1	//
Argile		333.1	//	//	//
Humus		5.1	//	//	//

ANALYSE MÉCANIQUE.

Gravier		0.38
Sable....	grossier	1.84
	moyen	3.47
	fin	2.55
Limon...	sableux	10.32
	fin	33.83
	très fin	14.43
Argile		33.18

Comme celle d'Ondes, cette terre est formée d'éléments fins peu calcaires, mais il y a une proportion d'argile plus forte encore.

La perméabilité a été un peu plus grande que celle du sol d'Ondes.

L'examen des propriétés physiques au laboratoire a donné les résultats suivants :

Densité...	réelle	2.64
	apparente	1.31
Porosité		50.40
Capacité..	pour l'eau en volume	37.40
	pour l'air	13.00
	pour l'eau en poids	28.50
Capillarité		11.50
Perméabilité		0.87

La teneur de cette terre en argile étant très grande, sa capacité pour l'eau est également très grande. Mais, d'autre part, sa porosité étant considérable, le ressuyage se fait bien comme le montre la valeur élevée de la capacité pour l'air.

En somme, cette terre s'est montrée assez perméable et les arrosages y réussiraient comme à Ondes. Étant donné sa grande capacité pour l'eau, elle pourrait conserver après chaque arrosage une humidité suffisante pour dispenser d'arrosages fréquents.

Nous avons effectué d'autres essais dans la plaine de Grisolles. Voici les résultats obtenus :

Échantillon n° 107. — Métairie de Labarthe, commune de Grisolles (Tarn-et-Garonne), alluvions modernes de la basse plaine, limon argileux sans cailloux, ayant au moins 1 mètre d'épaisseur au-dessus de la grosse terre, devenant très dure par la sécheresse, se fissurant beaucoup, formant de la boue par l'humidité, difficile à travailler. Les cultures dominantes sont les céréales, le maïs, le sorgho, etc. L'essai de la perméabilité et la prise d'échantillon ont été faits dans un chaume de céréales qui n'a reçu aucune façon depuis la moisson.

La perméabilité a été pendant le régime permanent : 5.0.

Les analyses physico-chimique et mécanique ont donné les résultats suivants :

ANALYSE PHYSICO-CHIMIQUE.

		TOTAL.	SILICEUX.	CALCAIRE.	DÉBRIS ORGANIQUES.
Sable....	grossier	300.0	287.7	0.5	11.8
	fin	457.5	447.0	10.5	//
Argile		238.4	//	//	//
Humus		3.9	//	//	//

ANALYSE MÉCANIQUE.

Gravier		0.64
Sable....	grossier	6.22
	moyen	6.68
	fin	4.06
Limon...	sableux	9.91
	fin	24.05
	très fin	24.75
Argile		23.69

La terre de Labarthe formée d'éléments fins, argileux, a une constitution de tous points comparable à celle d'Ondes. L'examen des propriétés physiques au laboratoire a donné :

Densité...	réelle	2.61
	apparente	1.39
Porosité		46.70
Capacité..	pour l'eau en volume	33.50
	pour l'air	13.20
	pour l'eau en poids	24.10
Perméabilité		0.93

Échantillon n° 108. — A 75 mètres de l'ancien bras de la Garonne, à hauteur de la métairie de La Barthe, commune de Grisolles (Tarn-et-Garonne). Alluvions modernes de la basse plaine. Terre argileuse, sans cailloux, ayant au moins 1 mètre d'épaisseur, durcissant et se fissurant beaucoup par la sécheresse; faisant pâte avec l'eau. Les cultures dominantes sont les céréales, le maïs, le sorgho. La perméabilité a été observée dans un chaume de blé qui n'a subi aucune façon depuis la moisson.

La perméabilité a été pendant le régime permanent : 6.8.

Les analyses physico-chimique et mécanique ont donné les chiffres suivants :

ANALYSE PHYSICO-CHIMIQUE.

		TOTAL.	SILICEUX.	CALCAIRE.	DÉBRIS ORGANIQUES.
Sable....	grossier...............	178.8	171.8	4.5	2.5
	fin....................	589.3	561.4	27.9	"
Argile.........................		210.3	"	"	"
Humus.........................		4.4	"	"	"

ANALYSE MÉCANIQUE.

Gravier...		0.71
Sable....	grossier....................................	1.50
	moyen......................................	2.90
	fin..	1.87
Limon...	sableux....................................	10.37
	fin..	33.97
	très fin...................................	27.80
Argile...		20.88

L'examen des propriétés physiques au laboratoire a donné :

Densité ..	réelle..	2.66
	apparente....................................	1.40
Porosité..		47.40
Capacité..	pour l'eau en volume.........................	42.60
	pour l'air	4.80
	pour l'eau en poids..........................	30.40
Perméabilité..		0.52

Échantillon n° 109. — A 100 mètres au nord du château de Commères, commune de Grisolles (Tarn-et-Garonne), près du chemin allant dans la direction de Saint-Remesi.

Alluvions modernes de la basse plaine de la Garonne, terre argileuse grise sans cailloux, homogène jusqu'à 50 centimètres au-dessus du gravier perméable, se fendillant par la sécheresse.

La perméabilité a été observée dans un chaume de blé qui n'a pas reçu de façon depuis la moisson.

La perméabilité a été pendant le régime permanent : 14.3.

Les analyses physico-chimique et mécanique ont donné :

ANALYSE PHYSICO-CHIMIQUE.

		TOTAL.	SILICEUX.	CALCAIRE.	DÉBRIS ORGANIQUES.
Sable....	grossier...............	314.6	311.9	0.5	2.2
	fin....................	540.3	534.3	6.0	"
Argile.........................		132.9	"	"	"
Humus.........................		5.7	"	"	"

ANALYSE MÉCANIQUE.

Gravier		0.72
Sable	grossier	3.73
	moyen	11.89
	fin	6.90
Limon	sableux	9.18
	fin	20.54
	très fin	33.85
Argile		13.19

L'examen des propriétés physiques au laboratoire a donné :

Densité	réelle	2.66
	apparente	1.47
Porosité		44.70
Capacité	pour l'eau en volume	37.00
	pour l'air	7.70
	pour l'eau en poids	25.20
Perméabilité		0.12

Échantillon n° 110. — A 50 mètres au S. O. du précédent et un peu en contre-bas, au niveau des ramiers de la Garonne.

Alluvions modernes de la basse plaine soumises aux inondations périodiques de la Garonne. Terre noirâtre, argileuse, sans cailloux, profonde, se crevassant par la sécheresse. Le sous-sol est frais comme l'indique la végétation spontanée (menthes). Les cultures dominantes sont les céréales, le maïs, le sorgho, les peupliers.

La perméabilité a été observée dans un chaume d'avoine qui n'a pas reçu de façon depuis la moisson.

La perméabilité a été pendant le régime permanent : 9.1.

Les analyses physico-chimique et mécanique ont donné :

ANALYSE PHYSICO-CHIMIQUE.

		TOTAL.	SILICEUX.	CALCAIRE.	DÉBRIS ORGANIQUES.
Sable	grossier	138.2	128.1	8.4	1.8
	fin	635.5	589.6	45.9	//
Argile		180.5	//	//	//
Humus		5.2	//	//	//

ANALYSE MÉCANIQUE.

Gravier		//
Sable	grossier	0.79
	moyen	2.32
	fin	2.26
Limon	sableux	9.27
	fin	37.24
	très fin	30.07
Argile		18.05

A l'examen des propriétés physiques au laboratoire, on a trouvé :

Densité	réelle	2.67
	apparente	1.36

Porosité... 49.10
Capacité.. { pour l'eau en volume............................. 39.90
{ pour l'air.................................... 9.20
{ pour l'eau en poids............................. 29.30
Perméabilité... 0.46

Les cinq terres qui précèdent, prélevées dans les alluvions modernes de la région de Grisolles, ont sensiblement la même constitution physique. Elles sont à éléments très fins et argileuses. Elles sont comparables à celles de l'École d'Ondes. La basse plaine de Grisolles continue d'ailleurs celle d'Ondes et la nature des terres y est uniforme. Elles sont pauvres en calcaire. Cependant le n° 110 provenant de la région des ramiers de la Garonne en est mieux pourvue. Il représente des alluvions plus récentes, moins décalcifiées. Malgré la grande finesse de leurs éléments, et à cause de la notable proportion d'argile qu'elles contiennent, ces terres possèdent une perméabilité assez grande pour que l'arrosage puisse y réussir.

L'examen de la perméabilité sur le terrain a été fait à la fin d'une longue période de sécheresse, qui a duré cinq mois. Ces terres étaient très fissurées : aussi les observations qui ont été faites dans ces conditions, malgré les précautions prises pour éviter les erreurs, ont pu être influencées et la valeur réelle de la perméabilité serait plutôt inférieure aux chiffres qui ont été trouvés.

Les résultats obtenus au laboratoire indiqueraient d'ailleurs une perméabilité plus faible. La différence est surtout sensible pour le n° 109. Il y aurait grand intérêt à effectuer dans ces terres ou dans d'autres analogues des mesures en temps de sécheresse et en période humide, afin de déterminer l'influence que peut avoir la saison sur le résultat obtenu.

Nous avons vu qu'à Grisolles commence à apparaître une terrasse, désignée par a^{1c} sur la carte géologique, d'alluvions anciennes. Nous y avons fait un essai :

Échantillon n° 111. — Métairie de Saint-Remesi commune de Grisolles (Tarn-et-Garonne). Terrasse inférieure des alluvions anciennes, dominant d'une dizaine de mètres la basse plaine des alluvions modernes de la Garonne. Limon gris sans cailloux ayant 4 mètres d'épaisseur et reposant sur une grave perméable, constituant le niveau d'eau des puits. Ce limon est désigné sous le nom de terre douce, ou boulbène, tandis que les alluvions modernes argileuses sont appelées terreforts. Il ne se crevasse pas par la sécheresse et forme une terre un peu battante. Les cultures dominantes sont les céréales et quelques cultures maraîchères, arrosées à l'aide de puits à noria. La perméabilité a été observée dans un chaume d'avoine n'ayant pas reçu de façon depuis la moisson.

La perméabilité a été pendant le régime permanent : **5.7.**

Les analyses physico-chimique et mécanique ont donné :

ANALYSE PHYSICO-CHIMIQUE.

	TOTAL.	SILICEUX.	CALCAIRE.	DÉBRIS ORGANIQUES.
Sable.... { grossier	268.8	262.2	0.6	6.0
{ fin	587.6	580.9	6.7	"
Argile...........................	119.1	"	"	"
Humus...........................	0.0	"	"	"

ANALYSE MÉCANIQUE.

Gravier		//
Sable	grossier	2.00
	moyen	4.22
	fin	2.03
Limon	sableux	12.88
	fin	52.81
	très fin	14.15
Argile		11.91

Comme celles de la basse plaine, la terre de Saint-Remesi est formée d'éléments fins, mais elle est moins argileuse, ce qui explique sa propriété de terre battante. Au laboratoire l'examen des propriétés physiques a donné :

Densité	réelle	2.62
	apparente	1.40
Porosité		46.60
Capacité	pour l'eau en volume	39.50
	pour l'air	7.10
	pour l'eau en poids	28.20
Perméabilité		0.21

La perméabilité, qui serait assez grande d'après l'essai effectué sur le terrain, s'est montrée plus faible à l'examen au laboratoire. Cette dernière détermination paraîtrait plus vraisemblable étant donné la constitution physique du sol.

Au-dessus de Grisolles (pl. II, p. 60), les collines de mollasse aquitanienne, qui séparaient la vallée de la Garonne de celle du Tarn, s'abaissent et disparaissent, et les deux vallées se confondent. La basse plaine d'alluvions modernes de la Garonne devient plus étroite et même à Finhan se réduit à la région des ramiers. La terrasse d'alluvions anciennes sur laquelle coule le canal atteint ici 4 kilomètres de largeur. Puis elle rejoint la terrasse correspondante des alluvions anciennes de la vallée du Tarn pour former un vaste plateau qui domine de 20 à 30 mètres la vallée de la Garonne d'un côté, et la vallée du Tarn de l'autre. Ce plateau, connu sous le nom de plateau de Montech, a 10 à 12 kilomètres de largeur de Montech à Montauban et plus de 20 kilomètres de longueur de Montbartier jusqu'au delà de Castelsarrasin. Il a donc plus de 20,000 hectares de superficie et se trouve presque entièrement dominé par le canal latéral à la Garonne, ou par le canal de Montech à Montauban, qui s'alimente dans le canal latéral.

Ce plateau marqué a^{lc} sur la carte géologique est formé d'une manière uniforme de limons très fins, de couleur blanche ou jaune très clair. Ce sont des boulbènes, par opposition aux terreforts de la vallée. Au premier examen, ce plateau semble très peu perméable. Ces terres sont avant tout des terres battantes. En été, par la sécheresse, elles ne se fissurent pas, restent compactes mais durcissent peu. Aussi les labours y sont plus faciles que dans la basse plaine et les cultivateurs les appellent des terres douces. La pluie les désagrège et les réduit rapidement en un glacis uni au travers duquel l'eau pénètre difficilement. Dans la saison humide, l'eau, au lieu de s'infiltrer, court à la surface. Aussi rencontre-t-on de nombreuses mares et le pays est coupé de nombreux fossés qui en se réunissant forment de petits ruisseaux s'asséchant dès que vient la saison sèche. C'est vers le milieu du plateau que les terres ont le plus nettement les caractères de boulbènes battantes. Elles couvrent une bande de 3 à 4 kilomètres de largeur à droite du canal latéral entre Montbartier et Lavilledieu. Cette région semble d'ailleurs peu fertile : elle est en grande partie couverte de bois d'assez maigre apparence, qui constituent les forêts de Montech, d'Escatalens, de Saint-Porquier et le bois de Froumissard.

Dans la région de Montech, nous avons effectué des essais à la fois sur les alluvions modernes de la basse plaine de la Garonne et sur les alluvions anciennes du plateau de Montech, mais seulement dans la partie comprise entre le canal latéral et la Garonne.

Ces alluvions modernes, à la hauteur de Montech, forment une bande dont la largeur ne dépasse pas 2 kilomètres. Nous y avons effectué deux essais :

Échantillon n° 115. — Métairie du Saulou, commune de Montech (Tarn-et-Garonne). Alluvions modernes de la basse plaine soumises aux inondations de la Garonne, que l'on combat par des digues. Terre un peu argileuse, de couleur foncée, sans cailloux, elle est homogène jusqu'à environ 2 mètres de profondeur jusqu'au gravier perméable. Elle se crevasse un peu par la sécheresse. Les cultures sont des céréales, du maïs, la luzerne, quelques peupliers.

L'examen de la perméabilité est effectué dans un chaume de céréales qui n'a reçu aucune façon depuis la moisson.

La perméabilité a été pendant le régime permanent : **2.4.**

Les analyses physico-chimique et mécanique ont donné :

ANALYSE PHYSICO-CHIMIQUE.

		TOTAL.	SILICEUX.	CALCAIRE.	DÉBRIS ORGANIQUES.
Sable....	grossier...............	313.3	304.8	5.9	"
	fin....................	503.6	477.9	25.7	"
Argile.........................		159.6	"	"	"
Humus.........................		2.4	"	"	"

ANALYSE MÉCANIQUE.

Gravier...		"
Sable....	grossier..	0.66
	moyen..	5.21
	fin...	8.46
Limon...	sableux..	17.33
	fin...	32.60
	très fin..	19.78
Argile...		15.96

Cette terre a la constitution ordinaire des terreforts de la basse plaine de la Garonne. C'est une terre argileuse, formée d'éléments très fins.

L'examen des propriétés physiques au laboratoire a donné les résultats suivants :

Densité..	réelle...	2.67
	apparente...	1.36
Porosité...		49.10
Capacité..	pour l'eau en volume...............................	37.00
	pour l'air..	12.10
	pour l'eau en poids................................	27.20
Perméabilité...		0.28

Échantillon n° 117. — Métairie de La Motte, à 200 mètres à l'ouest de cette métairie, près du ruisseau de Pantajorac (commune de Montech, Tarn-et-Garonne). Alluvions modernes de la basse plaine, ayant 1 m. 50 à 2 mètres d'épaisseur et reposant sur une couche de gravier perméable.

Terre argileuse sans cailloux, se crevassant fortement en été; en hiver, elle fait pâte, très difficile à travailler; terrain frais. Les cultures dominantes sont les céréales, les cultures fourragères, les peupliers, etc.

L'examen de la perméabilité a été fait dans un chaume de blé n'ayant pas reçu de façon depuis la moisson.

La perméabilité a été pendant le régime permanent : **6.0**.

Les analyses physico-chimique et mécanique ont donné :

ANALYSE PHYSICO-CHIMIQUE.

		TOTAL.	SILICEUX.	CALCAIRE.	DÉBRIS ORGANIQUES.
Sable....	grossier	155.2	153.9	0.3	1.0
	fin....................	569.3	557.4	11.9	"
Argile		229.7	"	"	"
Humus.....................		6.1	"	"	"

ANALYSE MÉCANIQUE.

Gravier..		0.19
Sable....	grossier..	1.61
	moyen	2.71
	fin..	1.90
Limon ...	sableux..	8.30
	fin..	31.93
	très fin.......................................	30.43
Argile...		22.93

Cette terre, très argileuse, est constituée, comme la précédente, par des éléments très fins.

A l'examen des propriétés physiques au laboratoire, elle a donné :

Densité ..	réelle...	2.67
	apparente.....................................	1.36
Porosité		49.10
Capacité..	pour l'eau en volume..........................	37.00
	pour l'air....................................	12.10
	pour l'eau en poids...........................	27.20
Perméabilité...		0.28

On voit que la basse plaine, à hauteur de Montech, continue bien celle que nous avons déjà étudiée à Grisolles et à Ondes. Elle est uniformément formée de terreforts argileux, facilement reconnaissables à ce qu'ils se crevassent fortement en durcissant par la sécheresse, à un point tel que les labours sont presque impossibles. A l'analyse physique, ils sont caractérisés par la prédominance des éléments fins et une forte teneur en argile. Ils ne se désagrègent pas par l'action des pluies et leur porosité est assez grande pour que, malgré une très grande capacité pour l'eau, ils restent suffisamment aérés.

Leur perméabilité est faible, mais n'est jamais inférieure à 1 ou 2, du moins dans

MM. A. Müntz, L. Faure et E. Lainé.   3

les conditions où nous l'avons observée, c'est-à-dire par un automne très sec et généralement dans des chaumes de céréales et sur de vieux labours.

Les terrains appartenant à la terrasse des alluvions anciennes ont des caractères nettement différents. Voici les observations que nous avons faites aux environs de Montech, sur cette terrasse qui est également dominée par le canal latéral.

Échantillon n° 112. — Métairie de Turasson (commune de Montech, Tarn-et-Garonne) à 50 mètres à gauche du chemin de Montbartier à Montech, terrasse inférieure des alluvions anciennes a^{1c}, dominant d'une dizaine de mètres la basse plaine de la Garonne.

Limon blanc jaunâtre sans cailloux, boulbène battante durcissant peu par la sécheresse et ne crevassant pas. Par la pluie, elle se réduit en boue, impossible à travailler, mais se ressuyant assez vite. Cette terre a une grande profondeur, plusieurs mètres. Au-dessous de 50 centimètres, on trouve des concrétions ferrugineuses dont la présence serait un indice de faible fertilité et de propriétés battantes.

Les cultures dominantes sont les céréales et les prés pâturés. Ceux-ci sont irrigués par la méthode de la submersion, avec des compartiments très grands, à l'aide d'une concession d'eau du canal latéral.

Plantes spontanées : nombreuses renouées traînantes.

La perméabilité a été observée dans un chaume d'avoine récolté en vert, et qui n'a reçu aucune façon depuis la moisson.

La perméabilité a été pendant le régime permanent : 3.5.

Les analyses physico-chimique et mécanique ont donné :

ANALYSE PHYSICO-CHIMIQUE.

		TOTAL.	SILICEUX.	CALCAIRE.	DÉBRIS ORGANIQUES.
Sable....	grossier	401.2	399.7	0.7	0.8
	fin	501.1	498.7	2.6	//
Argile		88.7	//	//	//
Humus		3.0	//	//	//

ANALYSE MÉCANIQUE.

Gravier		1.68
Sable....	grossier	6.23
	moyen	6.59
	fin	4.20
Limon ...	sableux	15.76
	fin	40.49
	très fin	16.33
Argile		8.72

L'examen des propriétés physiques au laboratoire a donné :

Densité...	réelle	2.61
	apparente	1.58
Porosité		39.50
Capacité..	pour l'eau en volume	35.60
	pour l'air	3.90
	pour l'eau en poids	22.50
Perméabilité		0.21

Échantillon n° 113. — Métairie de Neuville (fig. 5), à droite du chemin de Montbartier à Montech.

Alluvions anciennes a^{1c}, appartenant à une terrasse supérieure à celle de Turasson et la dominant d'une dizaine de mètres. Limon jaune, argileux, sans cailloux, ayant une grande profondeur au-dessus de la grave perméable. La profondeur des puits est de 11 à 12 mètres. Cette terre se crevasse un peu pendant la sécheresse.

Les cultures dominantes sont les céréales, la luzerne, la vigne. Les cultures paraissent plus riches que dans les boulbènes qui sont situées au-dessous de celles-ci.

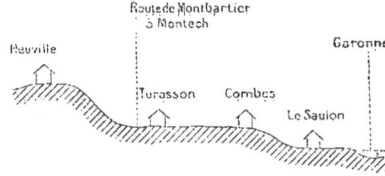

Fig. 5.

L'examen de la perméabilité a été fait dans un chaume de céréales qui n'a reçu aucune façon depuis la moisson.

La perméabilité a été pendant le régime permanent : **2.6.**

Les analyses physico-chimique et mécanique ont donné :

ANALYSE PHYSICO-CHIMIQUE.

		TOTAL.	SILICEUX.	CALCAIRE.	DÉBRIS ORGANIQUES.
Sable....	grossier..................	276.2	274.6	0.2	1.4
	fin..................	523.0	517.8	5.2	//
Argile..................		184.4	//	//	//
Humus..................		4.3	//	//	//

ANALYSE MÉCANIQUE.

Gravier,..		0.52
Sable....	grossier.....................................	2.80
	moyen..	3.51
	fin..	2.15
Limon,...	sableux......................................	15.72
	fin..	42.48
	très fin.....................................	14.48
Argile...		18.34

La constitution physique de cette terre est analogue à celle des terreforts de la basse plaine. L'examen des propriétés physiques au laboratoire a donné également des résultats qui rapprochent cette terre des alluvions de la basse plaine :

Densité...	réelle..	2.57
	apparente....................................	1.47
Porosité...		42.80
Capacité..	pour l'eau en volume.........................	37.60
	pour l'air...................................	5.20
	pour l'eau en poids..........................	25.60
Perméabilité.......................................		0.35

Échantillon n° 114. — Métairie de Combes (commune de Montech, Tarn-et-Garonne), à 50 mètres au nord de cette métairie, à 100 mètres à droite de la route de Bordeaux à Toulouse.

3.

Terrasse inférieure des alluvions diluviennes a^{1c}. Limon jaunâtre sans cailloux, homogène jusqu'à 2 mètres au moins, ne fendille pas par la sécheresse (boulbène battante ou terre douce).

Les cultures dominantes sont les céréales, la luzerne, quelques rangs de vigne.

L'examen de la perméabilité a été fait dans un chaume de blé qui n'a reçu aucune façon depuis la moisson.

La perméabilité a été pendant le régime permanent : **0.4.**

La constitution physique de cette terre est donnée par les chiffres suivants :

		TOTAL.	SILICEUX.	CALCAIRE.	DÉBRIS ORGANIQUES.
Sable....	grossier	3o5.5	3o3.1	o.4	2.0
	fin	573.6	568.5	5.1	//
Argile		1o4.9	//	//	//
Humus		5.3	//	//	//

L'examen des propriétés physiques au laboratoire a donné :

Densité...	réelle	2.62
	apparente	1.43
Porosité		45.4o
Capacité..	pour l'eau en volume	38.2o
	pour l'air	7.2o
	pour l'eau en poids	26.7o
Perméabilité		o.19

Echantillon n° 116. — Métairie de Marots (commune de Montech, Tarn-et-Garonne), à 3 kilomètres au nord-ouest de Montech.

Terrasse inférieure des alluvions anciennes a^{1c}. Limon blanc jaunâtre sans cailloux, homogène jusqu'à 2 m. 5o, reposant sur une couche de gravier et de sable perméable. La profondeur des puits est de 5 mètres. Cette terre ne se fendille pas par la sécheresse. On dit qu'elle se ressuie vite, mais elle est cultivée en billons pour l'écoulement de l'eau. Elle se réduit en boue par l'humidité. Toute la région jusqu'à Escatalens est formée du même terrain. On la considère comme fertile.

L'essai de la perméabilité a été fait dans une chaume de blé.

La perméabilité a été pendant le régime permanent : **1.3.**

Les analyses physico-chimique et mécanique ont donné :

ANALYSE PHYSICO-CHIMIQUE.

		TOTAL.	SILICEUX.	CALCAIRE.	DÉBRIS ORGANIQUES.
Sable....	grossier	346.3	344.5	o.3	1.5
	fin	526.6	523.o	3.6	//
Argile		113.2	//	//	//
Humus		5.o	//	//	//

ANALYSE MÉCANIQUE.

Gravier		0.55
Sable....	grossier	3.31
	moyen	5.82
	fin	4.54

Limon ... { sableux... 14.85
{ fin.. 41.82
{ très fin....................................... 17.85
Argile... 11.26

L'examen au laboratoire des propriétés physiques a donné :

Densité... { réelle... 2.62
{ apparente..................................... 1.54
Porosité... 41.20
Capacité.. { pour l'eau en volume........................... 38.10
{ pour l'air.................................... 3.10
{ pour l'eau en poids........................... 24.70
Perméabilité....................................... 0.11

Les terres provenant de la terrasse d'alluvions anciennes de Montech, si l'on met de côté celle de Neuville (n° 113), ont toutes une constitution analogue. Elles sont formées de sable très fin, avec une teneur en argile relativement faible. Les grains de sable et l'absence de cet élément plastique ne forment pas des agrégats résistants à l'action de l'eau. Aussi ont-elles une porosité faible. La capacité pour l'eau calculée en poids est moindre que celle des terreforts, mais le volume total des espaces vides étant plus réduit, ceux-ci sont presque entièrement occupés par l'eau dans la terre mouillée et complètement ressuyée; par suite, la capacité pour l'air y est faible.

Quant à leur perméabilité, elle est, d'une façon générale, plus faible que dans les terreforts. L'imperméabilité des boulbènes de Montech est même, dans quelques cas, comparable à celle de certains sols que nous avons rencontrés sur le périmètre du canal de Saint-Martory, et où l'arrosage n'a pas donné de bons résultats. Il y aurait donc lieu, si des arrosages étaient projetés dans cette région, de chercher à éviter les insuccès constatés ailleurs sur des terrasses de nature analogue.

A partir de Montech, le canal latéral, s'abaissant par une série d'écluses, se rapproche du bord inférieur de la terrasse d'alluvions anciennes sur laquelle il est construit; de sorte qu'à Castelsarrasin, il ne domine plus guère que la basse plaine des alluvions modernes de la Garonne qui, en ce point, a environ 3 kilomètres de largeur. Au-dessous de Castelsarrasin, il traverse la vallée du Tarn sur un long aqueduc et domine en même temps les alluvions modernes du Tarn et ceux de la Garonne.

Nous nous sommes arrêtés aux environs de Castelsarrasin pour faire l'étude de ces différents terrains.

Nous retrouvons là les boulbènes du plateau de Montech sur le bord duquel Castelsarrasin est construit.

Échantillon n° 118. — Hameau de Caillau (commune de Castelsarrasin, Tarn-et-Garonne) à 50 mètres au nord de la jonction de la route de Bordeaux à Toulouse et de celle de Montauban.

Bordure inférieure de la terrasse d'alluvions anciennes a^{1c}. Limon blanc jaunâtre (boulbène) sans cailloux, contenant quelques concrétions ferrugineuses à 30 centimètres de profondeur. Il y a plus de 2 mètres de cette terre au-dessus du gravier. Cette terre, facile à travailler, ne se crevasse pas en été.

On a fait l'examen de la perméabilité dans un chaume de blé, cultivé en billons.
La perméabilité a été pendant le régime permanent : 4.0.
Les analyses physico-chimique et mécanique ont donné :

ANALYSE PHYSICO-CHIMIQUE.

	TOTAL.	SILICEUX.	CALCAIRE.	DÉBRIS ORGANIQUES.
Sable.... grossier	275.9	273.3	0.5	2.1
Sable.... fin	636.0	631.6	4.4	//
Argile	73.6	//	//	//
Humus	4.1	//	//	//

ANALYSE MÉCANIQUE.

Gravier	0.40
Sable.... grossier	1.97
Sable.... moyen	2.94
Sable.... fin	1.96
Limon... sableux	15.18
Limon... fin	53.57
Limon... très fin	16.65
Argile	7.33

L'examen des propriétés physiques au laboratoire a donné :

Densité... réelle	2.61
Densité... apparente	1.41
Porosité	46.00
Capacité.. pour l'eau en volume	36.50
Capacité.. pour l'air	9.50
Capacité.. pour l'eau en poids	25.90
Perméabilité	0.22

Échantillon n° 122. — Métairie de Barraouet, à 3 kilomètres au N. N. O. de Castelsarrasin, entre la route de Castelsarrasin à Moissac et le canal, à 150 mètres de ce dernier.

Bordure inférieure de la terrasse d'alluvions anciennes a^{1c}. Boulbène jaunâtre sans cailloux, ne crevassant pas par la sécheresse et facile à travailler.

L'examen de la perméabilité a été effectué dans un chaume de blé. Pendant le régime permanent elle a été trouvée égale à 4.4.

Les analyses physico-chimique et mécanique ont donné :

ANALYSE PHYSICO-CHIMIQUE.

	TOTAL.	SILICEUX.	CALCAIRE.	DÉBRIS ORGANIQUES.
Sable.... grossier	315.1	312.3	0.3	2.5
Sable.... fin	593.6	590.9	2.7	//
Argile	82.9	//	//	//
Humus	4.6	//	//	//

ANALYSE MÉCANIQUE.

Gravier	0.39
Sable.... grossier	2.64
Sable.... moyen	4.65
Sable.... fin	2.81

Limon ...	{	sableux	13.29
		fin	49.41
		très fin	18.55
Argile			8.26

L'examen des propriétés physiques au laboratoire a donné les résultats suivants :

Densité...	{	réelle	2.61
		apparente	1.51
Porosité			42.10
Capacité..	{	pour l'eau en volume	33.70
		pour l'air	8.40
		pour l'eau en poids	22.30
Perméabilité			0.10

Ces deux terres présentent bien les caractères généraux des boulbènes que nous avons déjà observées à Montech ; elles sont constituées surtout par des sables très fins mais elles sont peu argileuses. Il en résulte, comme nous l'avons vu, que leur porosité ainsi que leur capacité pour l'air sont relativement réduites. Cependant l'examen effectué sur le terrain a indiqué une perméabilité sensible. Mais si, au lieu de se tenir sur le bord de la terrasse d'alluvions anciennes à laquelle appartiennent ces deux derniers échantillons, on fait des observations en des points plus centraux, on trouve des terrains moins perméables et tout à fait analogues aux boulbènes de Montech.

Échantillon n° 125. — Métairie de Marot, à 1 kilom. 500 au N. E. de Castelsarrasin. Boulbène jaunâtre sans cailloux ; 1 m. 50 de terre de même nature reposent sur un sous-sol imperméable.

Alluvions anciennes appartenant à la grande terrasse des alluvions a^{1c} du plateau de Montech. Cette terre ne se crevasse pas et ne se durcit pas par la sécheresse, mais elle retient l'eau en hiver.

La perméabilité a été observée dans un chaume de blé n'ayant pas reçu de façon depuis la moisson. Pendant la période de régime permanent, elle a été trouvée égale à **4.0**.

Les analyses physico-chimique et mécanique ont donné les résultats suivants :

ANALYSE PHYSICO-CHIMIQUE.

		TOTAL.	SILICEUX.	CALCAIRE.	DÉBRIS ORGANIQUES.
Sable....	{ grossier	422.6	419.9	0.3	2.4
	fin	491.0	487.6	3.4	"
Argile		78.3	"	"	"
Humus		3.5	"	"	"

ANALYSE MÉCANIQUE.

Gravier		0.97
Sable....	{ grossier	6.18
	moyen	11.51
	fin	4.61
Limon ...	{ sableux	10.52
	fin	38.00
	très fin	20.46
Argile		7.75

A l'examen des propriétés physiques au laboratoire, on a obtenu les résultats suivants.

Densité... { réelle... 2.62
            { apparente 1.55
Porosité... 40.80
Capacité.. { pour l'eau en volume........................... 32.30
           { pour l'air.................................... 8.50
           { pour l'eau en poids............................ 20.80
Perméabilité.. 0.06

Échantillon n° 126. — Métairie de Lagouère, à 4 kilomètres au N. E. de Castelsarrasin.

Terrain plat, appartenant aux alluvions anciennes a^{1c} du plateau de Montech.

Boulbène blanche contenant des concrétions ferrugineuses. Cette terre apparaît comme imperméable pendant la saison humide. Elle devient dure et compacte mais sans se crevasser pendant la sécheresse. Le pays est coupé de nombreux fossés pour l'écoulement des eaux; on pratique des raies dans les champs de céréales pour évacuer l'humidité en excès. Parmi les plantes spontanées, on remarque des ajoncs et des joncs.

On a prélevé un échantillon et fait l'examen de la perméabilité dans un chaume de blé. Pendant la période de régime permanent on a trouvé pour la mesure de cette perméabilité : **2.0.**

Échantillon n° 127. — On a également prélevé un échantillon et observé la perméabilité dans un champ de betteraves peu éloigné. On a trouvé la perméabilité suivante : **1.1.**

Les analyses physico-chimique et mécanique des deux échantillons précédents ont donné :

ANALYSE PHYSICO-CHIMIQUE.

			TOTAL.	SILICEUX.	CALCAIRE.	DÉBRIS ORGANIQUES.
N° 126.	Sable....	grossier	366.7	364.6	0.2	1.9
		fin.............	538.7	536.1	2.6	//
	Argile....................		87.1	//	//	//
	Humus..................		3.1	//	//	//
N° 127.	Sable....	grossier	333.0	330.7	0.3	2.0
		fin.............	554.1	550.3	3.8	//
	Argile....................		104.7	//	//	//
	Humus..................		4.5	//	//	//

ANALYSE MÉCANIQUE.

		N° 126.	N° 127.
Gravier		0.99	1.38
Sable....	grossier.............................	2.93	4.00
	moyen..............................	5.82	7.29
	fin................................	4.45	4.46
Limon ...	sableux.............................	15.69	14.13
	fin................................	40.62	37.48
	très fin...........................	20.88	20.93
Argile		8.62	10.33

A l'examen des propriétés physiques au laboratoire, on a trouvé :

		N° 126.	N° 127.
Densité...	réelle	2.58	2.62
	apparente	1.59	1.56
Porosité		38.40	40.40
Capacité..	pour l'eau en volume	32.90	32.40
	pour l'air	5.50	8.00
	pour l'eau en poids	20.70	20.80
Perméabilité		0.05	0.08

Toutes ces terres présentent bien les mêmes caractères généraux. Elles sont à éléments très fins, mais non argileux. Les particules sableuses non maintenues en agrégats par un ciment argileux ne laissent entre eux que des vides très réduits : aussi n'observe-t-on qu'un chiffre faible pour la mesure de la porosité. Il en résulte que, bien que la capacité pour l'eau soit relativement peu élevée, la capacité pour l'air est très réduite. Ce sont des terres asphyxiantes. Dès qu'elles contiennent le moindre excès d'eau, la réserve d'oxygène nécessaire aux racines des plantes est presque entièremenr supprimée et se renouvelle difficilement à cause de leur compacité. Ainsi s'explique l'abondance si frappante des plantes aquatiques, telles que les joncs. D'autre part, la perméabilité y est très faible. A l'examen sur le terrain, elle apparaît comme étant assez sensible, mais les observations ont pu être influencées par ce fait qu'elles ont été effectuées après une période prolongée de grande sécheresse. Au laboratoire, par contre, on a observé des perméabilités extrêmement réduites.

Les alluvions de la basse plaine de la Garonne présentent aux environs de Castelsarrasin une largeur de 2 à 3 kilomètres. Voici les observations que nous y avons recueillies.

Échantillon n° 119. — Cote 72 de la carte d'État-Major, à 1 kilomètre au sud-ouest de Poncets, près du chemin de fer de Castelsarrasin à Beaumont-de-Lomagne.

Alluvions modernes de la basse plaine. Limon un peu argileux sans cailloux, faisant pâte avec l'eau, se crevassant en été ou devenant très dur, mais se délitant après la pluie. Cette terre a une constitution homogène jusqu'à la profondeur de 1 mètre à 1 m. 50, à laquelle elle repose sur une couche de gravier très perméable où se trouve le niveau de la nappe aquifère.

On a observé la perméabilité dans un chaume de blé. On a trouvé pendant la période de régime permanent : 9.4.

Les analyses physico-chimique et mécanique ont fourni les chiffres suivants :

ANALYSE PHYSICO-CHIMIQUE.

		TOTAL.	SILICEUX.	CALCAIRE.	DÉBRIS ORGANIQUES.
Sable....	grossier	228.9	224.5	1.8	2.6
	fin	576.9	561.5	15.4	"
Argile		177.2	"	"	"
Humus		4.1	"	"	"

ANALYSE MÉCANIQUE.

Gravier		0.81
Sable....	grossier	2.94
	moyen	3.93
	fin	2.75

Limon...	sableux	9.76
	fin	3o.5i
	très fin	31.72
Argile		17.58

L'examen des propriétés physiques au laboratoire a donné :

Densité...	réelle	2.70
	apparente	1.47
Porosité		45.5o
Capacité..	pour l'eau en volume	31.10
	pour l'air	14.4o
	pour l'eau en poids	22.5o
Perméabilité		o.37

Échantillon n° 120. — Hameau de Benis, à 100 mètres au Sud du chemin de Castelsarrasin à Benis, près du petit chemin allant vers Nauguilles (commune de Castelsarrasin, Tarn-et-Garonne).

Alluvions modernes de la basse plaine. Limon argileux sans cailloux, fissuré par la sécheresse, de grande épaisseur. La nappe aquifère étant proche, la terre est fraîche à faible profondeur.

La perméabilité, observée dans un chaume de blé, a été trouvée, pendant le régime permanent, égale à **3.5.**

Les analyses physico-chimique et mécanique ont donné :

ANALYSE PHYSICO-CHIMIQUE.

		TOTAL.	SILICEUX.	CALCAIRE.	DÉBRIS ORGANIQUES.
Sable....	grossier	184.8	182.9	o.8	1.1
	fin	61o.5	599.3	11.2	1
Argile		181.1	//	//	//
Humus		4.8	//	//	//

ANALYSE MÉCANIQUE.

Gravier		//
Sable....	grossier	1.59
	moyen	5.43
	fin	3.22
Limon...	sableux	8.o6
	fin	31.oo
	très fin	32.59
Argile		18.11

L'examen des propriétés physiques au laboratoire a donné :

Densité...	réelle	2.69
	apparente	1.45
Porosité		46.1o
Capacité..	pour l'eau en volume	39.7o
	pour l'air	6.4o
	pour l'eau en poids	27.4o
Perméabilité		o.o7

Nous trouvons donc encore dans la basse plaine des terres formées d'éléments très fins, comme sur la terrasse des alluvions anciennes; mais les éléments sableux sont agrégés par une proportion notable d'argile, qui leur donne des propriétés toutes différentes. Ce sont des *terreforts* par opposition aux *boulbènes* du plateau. Cependant ces terreforts sont à peu près aussi imperméables que les boulbènes.

L'échantillon suivant, prélevé en un point très voisin de la Garonne, présente des caractères un peu différents, intermédiaires entre ceux des terreforts et ceux des boulbènes.

Échantillon n° 121. — Métairie du Gal (commune de Castelsarrasin, Tarn-et-Garonne).

Alluvions modernes de la basse plaine. Limon sans cailloux, très souple, ne se crevassant pas, facile à travailler en tous temps, très frais malgré la sécheresse, à cause de la proximité de la Garonne.

La perméabilité, observée dans un champ de maïs, a été pendant le régime permanent : 1.05.

Les analyses physico-chimique et mécanique ont donné :

ANALYSE PHYSICO-CHIMIQUE.

		TOTAL.	SILICEUX.	CALCAIRE.	DÉBRIS ORGANIQUES.
Sable....	grossier	189.4	177.4	9.1	2.9
	fin	643.1	571.3	71.8	//
Argile		152.6	//	//	//
Humus		4.0	//	//	//

ANALYSE MÉCANIQUE.

Gravier		//
Sable....	grossier	0.34
	moyen	2.60
	fin	3.98
Limon ...	sableux	13.16
	fin	37.53
	très fin	27.13
Argile		15.26

L'examen des propriétés physiques au laboratoire a donné :

Densité ..	réelle	2.67
	apparente	1.43
Porosité		46.40
Capacité..	pour l'eau en volume	33.90
	pour l'air	12.50
	pour l'eau en poids	23.70
Perméabilité		0.84

Ce limon que l'on peut considérer comme représentant les alluvions formées actuellement par la Garonne a, comme on le voit, une perméabilité assez faible.

Avant de traverser le Tarn, à Moissac, le canal latéral domine la basse plaine du Tarn. Celle-ci a alors une largeur de près de 4 kilomètres. Elle est formée d'alluvions sableuses, dont la coloration rougeâtre tranche sur celle uniformément jaune clair des alluvions modernes de la Garonne. Ces limons paraissent, au premier examen, moins argileux, à éléments plus grossiers et plus faciles à travailler que ceux de la Garonne.

Voici les essais que nous y avons effectués :

Échantillon n° 123. — Métairie des Nauses, à droite de la route de Castelsarrasin à Moissac, commune de Moissac (Tarn-et-Garonne).

Alluvions modernes de la basse plaine du Tarn. Terre sableuse, rougeâtre, sans cailloux, ayant au moins 1 à 2 mètres d'épaisseur, sur un sous-sol perméable. Le niveau de l'eau est à 5 mètres de profondeur. Terrain en légère pente vers le Nord. Terre facile à travailler en tous temps, se ressuyant vite en hiver après les pluies.

L'examen de la perméabilité a été effectué dans un champ de maïs; au moment du régime permanent on a obtenu : **5.2.**

Échantillon n° 124. — Métairie de la Rouge, à 2 kilomètres au Sud de Moissac, commune de Moissac (Tarn-et-Garonne).

Alluvions modernes, mélange d'alluvions de la Garonne et du Tarn. Limon sans cailloux, rougeâtre, durcit légèrement par la sécheresse en crevassant un peu, se ressuie rapidement après la pluie.

On a mesuré la perméabilité dans un chaume de blé et on a obtenu pendant le régime permanent : **3.3.**

Les analyses physico-chimique et mécanique de ces deux échantillons ont fourni les résultats suivants :

ANALYSE PHYSICO-CHIMIQUE.

			. TOTAL.	SILICEUX.	CALCAIRE.	DÉBRIS ORGANIQUES.
N° 123.	Sable....	grossier	597.8	579.2	12.2	6.4
		fin	276.3	260.1	16.2	//
	Argile.................		117.1	//	//	//
	Humus.................		2.0	//	//	//
N° 124.	Sable....	grossier	303.4	294.3	5.4	3.7
		fin	524.5	509.2	15.3	//
	Argile.................		159.7	//	//	//
	Humus.................		5.7	//	//	//

ANALYSE MÉCANIQUE.		N° 123.	N° 124.
Gravier........................		0.18	//
Sable....	grossier	1.52	0.54
	moyen	23.32	3.21
	fin....................................	14.80	4.82
Limon ...	sableux................................	16.96	18.81
	fin....................................	16.49	34.22
	très fin...............................	15.04	22.43
Argile..........................		11.69	15.97

L'examen des propriétés physiques au laboratoire a donné :

		N° 123.	N° 124.
Densité ..	réelle...............................	2.65	2.66
	apparente............................	1.49	1.41

	N° 123.	N° 124.
Porosité	43.80	47.00
Capacité pour l'eau en volume	23.60	41.60
pour l'air	20.20	5.40
pour l'eau en poids	15.80	29.50
Perméabilité	0.37	0.08

Les alluvions modernes du Tarn (échantillon n° 123) se distinguent nettement de ceux de la Garonne. Ils contiennent une proportion de sables grossiers notablement plus élevée. Leur perméabilité est sensiblement plus grande, tout en restant parmi celles que l'on peut considérer comme au-dessous de la moyenne. Enfin elles se ressuient vite après la pluie ou l'arrosage et elles ont une capacité pour l'air beaucoup plus grande que celles que nous avons observées jusqu'ici. En somme, on peut prévoir qu'elles se prêteraient mieux à l'irrigation que ces dernières.

L'échantillon n° 124 dont la couleur rougeâtre indique la présence des alluvions du Tarn, sa constitution et ses propriétés physiques, notamment sa faible capacité pour l'air et sa perméabilité réduite, le rapprochent bien plus des alluvions argileuses ou terreforts de la basse plaine de la Garonne.

A partir de son confluent avec le Tarn, la vallée de la Garonne est beaucoup plus étroite. Les collines de mollasses aquitaniennes et stampiennes qui la bornent à droite et à gauche ne laissent plus entre elles qu'un espace de 4 kilomètres de largeur.

Après avoir traversé le Tarn un peu en amont de Moissac, le canal latéral à la Garonne est creusé au pied des collines calcaires que viennent également longer le Tarn puis ensuite la Garonne, dont les eaux, après s'être grossies de celles de son affluent, ont pris la direction de l'Est à l'Ouest. Sur ce parcours, le canal ne domine pas de terrains susceptibles d'être arrosés. Mais de Nalause à la Magistère le fleuve est rejeté du bord Nord de sa vallée au pied des collines opposées et décrit un arc de cercle dont la corde est représentée par le canal latéral. Valence-d'Agen est bâti sur ce bord du canal à peu près au milieu de cette corde.

Ici, le canal latéral est creusé sur le bord inférieur d'une terrasse d'alluvions anciennes a_{1c}, qui ne sont pas dominées et ne sont pas susceptibles d'être arrosées. La basse plaine, dont le niveau est partout inférieur à celui des eaux du canal, est constituée par des alluvions modernes qui, en général, ressemblent aux terreforts que nous avons rencontrés de Toulouse à Castelsarrasin. Ce sont des limons fins, argileux, de couleur claire. Cependant, dans la partie Est de la plaine de Valence la nature de ces alluvions a été nettement influencée par les apports du Tarn, que l'on reconnaît à première vue à leur coloration rougeâtre. D'autre part, sur les bords du fleuve, notamment dans la région Ouest, on trouve une bande irrégulière d'alluvions plus sableuses, moins argileuses. Enfin, au pied de la terrasse d'alluvions anciennes, aux environs immédiats de Valence, on trouve des terrains que leur nature rapproche des boulbènes qui forment la terrasse qui les domine. Il y a eu là un mélange des deux formations.

Voici les différents essais que nous avons effectués dans cette région.

Échantillon n° 128. — Métairie de Borde-Grande, à 100 mètres du canal, en face de Pommevic, commune de Pommevic (Tarn-et-Garonne).

Alluvions modernes de la basse plaine, terre un peu argileuse sans cailloux, ayant 3 mètres d'épaisseur au-dessus du gravier où se trouve le niveau de la nappe aquifère.

Terre se crevassant un peu par la sécheresse, mais facile à travailler. Les cultures sont en larges planches sans raies d'écoulement. Le terrain se maintient, malgré la sécheresse, assez frais pour que des luzernes voisines présentent une belle végétation.

L'examen de la perméabilité effectué dans un chaume de blé a donné le résultat suivant : **2.1**.

Échantillon n° 129. — A l'entrée ouest du hameau de Bayne, commune de Valence (Tarn-et-Garonne).

Alluvions modernes de la basse plaine, mélangées d'alluvions du Tarn. Terre argilo-sableuse, rougeâtre, sans cailloux; facile à travailler en tous temps, ne crevassant pas par la sécheresse. Les cultures sont aménagées en billons, pour assurer l'écoulement des eaux pendant la saison humide. La perméabilité a été mesurée dans un chaume de blé. On a obtenu pendant le régime permanent : **0.6**.

Échantillon n° 130. — Métairie de Timbrune, commune de Valence (Tarn-et-Garonne).

Alluvions modernes de la basse plaine. Limon argileux, sans cailloux, se crevassant un peu par la sécheresse. C'est une terrefort assez douce.

La perméabilité observée dans un chaume de blé cultivé en petits billons a été trouvée égale à **0.6**.

Échantillon n° 131. — Métairie du château de Sirat, commune de Valence (Tarn-et-Garonne).

Alluvions modernes de la basse plaine. Terrefort assez douce, facile à travailler, se ressuie assez bien en hiver.

On a mesuré la perméabilité dans un chaume de blé.

Régime permanent : **2.5**.

Échantillon n° 132. — Métairie de Blanchard, commune de Valence-d'Agen (Tarn-et-Garonne).

Alluvions modernes de la basse plaine, limon sans cailloux (terrefort) ayant plus de 1 mètre d'épaisseur. Cette terre se crevasse par la sécheresse, difficile à travailler, se tient fraîche, même par la sécheresse, à cause de la proximité de l'eau souterraine. Le point de prise est en effet voisin de la région des ramiers de la Garonne.

La perméabilité, observée dans un champ où l'on venait de récolter du maïs, a été trouvé égale à **0.3**.

Échantillon n° 133. — Métairie de la Baquère, commune de Golfech (Tarn-et-Garonne).

Alluvions modernes de la basse plaine. Terre sableuse sans cailloux, devenant dure en été, mais sans se fissurer. Le propriétaire la déclare perméable.

La perméabilité est mesurée dans un chaume de blé : **4.2**.

Échantillon n° 134. — Hameau de Cap-Long, commune de Golfech (Tarn-et-Garonne).

Alluvions de la basse plaine, probablement influencées par les apports du Tarn.

Terre sableuse sans cailloux, de couleur un peu rougeâtre, facile à travailler, mais dure au-dessous de la couche arable; ne se fissure pas par la sécheresse. Cette terre se tient fraîche à cause de la proximité du fleuve; la végétation n'a pas en effet paru souffrir autant qu'ailleurs de la sécheresse.

La perméabilité a été observée dans un chaume de céréales. On a trouvé : **14.6.**

Échantillon n° 135. — Métairie de Savignac, à 100 mètres du canal, commune de Valence-d'Agen (Tarn-et-Garonne).

Alluvions modernes de la basse plaine mélangées d'alluvions anciennes remaniées.

Boulbène sans cailloux contenant des concrétions ferrugineuses, retenant l'eau en hiver, paraissant peu fertile, ne se crevassant pas par la sécheresse.

On a fait l'observation de la perméabilité dans un champ qui a été labouré après une récolte de trèfle incarnat, on a trouvé : **1.6.**

L'analyse physico-chimique des échantillons précédents a donné les résultats suivants :

			TOTAL.	SILICEUX.	CALCAIRE.	DÉBRIS ORGANIQUES.
N° 128.	Sable,	grossier	330.7	327.8	0.7	2.2
		fin	493.9	486.2	7.7	//
	Argile		155.6	//	//	//
	Humus		2.7	//	//	//
N° 129.	Sable	grossier	364.0	337.1	18.3	8.6
		fin	505.8	474.6	31.2	//
	Argile		115.7	//	//	//
	Humus		2.2	//	//	//
N° 130.	Sable	grossier	184.7	182.5	0.7	1.5
		fin	580.1	571.1	9.0	//
	Argile		218.4	//	//	//
	Humus		3.3	//	//	//
N° 131.	Sable	grossier	78.8	77.7	0.3	0.8
		fin	691.4	681.4	10.0	//
	Argile		210.2	//	//	//
	Humus		6.4	//	//	//
N° 132.	Sable	grossier	122.1	120.3	0.3	1.5
		fin	699.7	692.5	7.2	//
	Argile		166.2	//	//	//
	Humus		3.9	//	//	//
N° 133.	Sable	grossier	408.2	405.0	1.2	2.0
		fin	463.6	455.4	8.2	'
	Argile		112.6	//	//	//
	Humus		4.0	//	//	//
134.	Sable	grossier	420.8	404.7	10.6	5.5
		fin	483.3	453.7	29.6	//
	Argile		84.0	//	//	//
	Humus		1.7	//	//	//
N° 135.	Sable	grossier	220.3	218.0	0.3	2.0
		fin	590.7	585.1	5.6	//
	Argile		173.1	//	//	//
	Humus		3.1	//	//	//

L'analyse mécanique nous a donné :

	N° 128.	N° 129.	N° 130.	N° 131.	N° 132.	N° 133.	N° 134.	N° 135.
Gravier	0.26	0.42	0.14	0.14	0.95	0.36	0.15	1.93
Sable .... { grossier	2.45	1.48	1.24	1.29	3.20	5.64	2.33	3.38
moyen	7.86	7.40	3.54	2.94	4.23	16.39	17.42	6.97
fin	5.42	4.92	2.85	1.56	2.78	8.29	10.13	4.83
Limon ... { sableux	14.34	18.37	10.72	9.52	9.03	16.92	21.35	12.79
fin	29.23	34.88	26.82	32.44	25.87	22.59	25.65	22.98
très fin.....	24.92	21.01	32.88	31.12	37.48	18.59	14.58	30.14
Argile................	15.52	11.52	21.81	20.99	16.46	11.22	8.39	16.98

L'examen des propriétés physiques au laboratoire nous a fourni les chiffres suivants :

	N° 128.	N° 129.	N° 130.	N° 131.	N° 132.	N° 133.	N° 134.	N° 135.
Densité... { réelle......	2.64	2.63	2.65	2.68	2.71	2.68	2.68	2.68
apparente...	1.54	1.46	1.49	1.38	1.44	1.55	1.55	1.43
Porosité.............	41.70	44.50	43.80	48.50	46.90	43.20	42.20	46.60
Capacité.. { pour l'eau en volume...	33.00	31.10	33.90	37.90	39.80	37.40	34.00	36.60
pour l'air...	8.70	13.40	9.90	10.60	7.10	5.80	8.20	10.00
pour l'eau en poids....	21.40	21.30	23.70	27.40	27.60	24.10	21.90	25.60
Perméabilité.........	0.17	0.08	0.67	0.45	0.07	0.10	0.25	0.42

Ces terres sont en général constituées par des sables très fins, plus ou moins argileux. Cependant, la terre de la Baquère (n° 133) et surtout celle de Cap-Long (n° 134) sont à éléments plus grossiers et aussi moins argileuses. Sur le terrain, on a constaté une perméabilité très notablement supérieure à celles que nous avons pu observer jusqu'ici dans la vallée de la Garonne. Aux essais de laboratoire, au contraire, ces terres se sont montrées avec une faible porosité et une faible capacité pour l'air et peu perméables. Il y a là une contradiction qui tendrait à montrer l'imperfection de nos procédés d'observation. Cependant nous avons pu constater, sur la terre en place, que ses propriétés naturelles paraissent transformées par la culture. Le sous-sol était en effet dur et compact et probablement moins perméable que la couche arable ameublie par les façons culturales.

Les autres terres, notamment celles de Baigne (n° 129), de Timbrune (n° 130) et de Blanchard sont nettement très peu perméables. Nous ne retrouvons pas dans la plaine de Valence les terreforts extrêmement argileux des alluvions modernes d'Ondes et de Grisolles. Nous y rencontrons plutôt des sols qui, par leur constitution physique, sont intermédiaires entre ces terreforts et les boulbènes constituant les alluvions anciennes de la terrasse a_{1c} de la carte géologique. Cette formation est probablement le résultat d'un mélange de limons modernes et d'alluvions anciennes remaniées. Les éléments les plus fins ont été déposés sur les bords de la vallée, au pied de ce qui a subsisté de l'ancienne terrasse d'alluvions anciennes érodée par le fleuve, tandis que des sables un peu plus grossiers et moins argileux ont formé les terrains les plus voisins du lit actuel. Quant aux apports du Tarn que l'on reconnaît cependant manifestement à leur coloration rougeâtre, ils n'ont pas dû jouer un très grand rôle.

Au-dessous de la Magistère, pendant près de 15 kilomètres le canal latéral à la

Garonne étant de nouveau resserré entre le fleuve et les coteaux, nous ne trouvons que des terrains de faible étendue qui soient dominés. Mais de Lafox à Agen, la Garonne décrit encore une large courbe laissant entre elle et le canal une plaine étendue qui serait susceptible d'être arrosée par les eaux de ce dernier. Comme à Villeneuve-d'Agen, le canal a été creusé sur le bord inférieur de la terrasse a_1, d'alluvions anciennes dont l'érosion a respecté quelques lambeaux au pied des collines de mollasses stampiennes et aquitaniennes, au milieu desquelles la Garonne a creusé sa vallée. La basse plaine dominée en tous ses points est constituée par des alluvions modernes, dépôts récents ou alluvions anciennes remaniées. Ce sont des limons fins généralement argileux, terreforts se fissurant fortement après la sécheresse. Cependant au voisinage du fleuve ces limons sont moins argileux, et même ils deviennent tout à fait sableux dans la partie la plus concave de la courbe de la Garonne, à la hauteur du confluent du Gers.

Voici les essais que nous avons effectués dans cette région :

Échantillon n° 137. — La Capelette, commune de Boé (Lot-et-Garonne).

Limon argileux, sans cailloux, terrefort se fissurant par la sécheresse. La perméabilité a été observée sous un chaume de blé cultivé en planches. On a trouvé : **8.9.**

(La mesure a été probablement influencée par une fissure du sol et le chiffre trouvé est trop fort.)

Échantillon n° 138. — Métairie d'Artiqueloube, sur le chemin de la Capelette à Bon-Encontre, commune de Boé (Lot-et-Garonne).

Limon argileux sans cailloux, ayant au moins 1 m. 50 d'épaisseur au-dessus du gravier. C'est une terrefort très difficile à travailler, se crevassant fortement par la sécheresse. La perméabilité, mesurée dans un chaume de blé en planches, a été trouvée égale à : **1.5.**

Échantillon n° 139. — Sainte-Raffine, sur le chemin allant de Sainte-Raffine au château de Baille, commune de Boé (Lot-et-Garonne).

Sol sableux ayant au moins 3 mètres d'épaisseur, facile à travailler en tous temps. La perméabilité a été mesurée dans un champ de maïs et on a trouvé : **7.0.**

Échantillon n° 140. — Métairie de Cuberté, commune de Boé (Lot-et-Garonne).

Limon gris argileux, sans cailloux, se crevassant par la sécheresse. La perméabilité dans un chaume de blé était **0.9.**

L'analyse physico-chimique de ces échantillons a donné les résultats suivants :

			TOTAL.	SILICEUX.	CALCAIRE.	DÉBRIS ORGANIQUES.
N° 137.	Sable....	grossier........	198.0	195.0	0.5	2.5
		fin...........	666.7	659.5	7.2	//
	Argile.................		121.3	//	//	//
	Humus.................		3.5	//	//	//
N° 138.	Sable....	grossier........	83.1	80.7	0.2	2.2
		fin...........	695.1	687.1	8.0	//
	Argile.................		207.7	//	//	//
	Humus.................		4.3	//	//	//

MM. A. Müntz, L. Faure et E. Lainé.   4

			TOTAL.	SILICEUX.	CALCAIRE.	DÉBRIS ORGANIQUES.
N° 139.	Sable....	grossier........	484.2	475.2	5.2	3.8
		fin............	437.0	421.6	15.4	"
	Argile..................		69.1	"	"	"
	Humus..................		3.2	"	"	"
N° 140..	Sable....	grossier........	428.4	424.4	0.8	3.2
		fin............	432.8	425.7	7.1	"
	Argile..................		123.4	"	"	"
	Humus..................		6.0	"	"	"

L'analyse mécanique a donné les résultats suivants :

		N° 137.	N° 138.	N° 139.	N° 140.
Gravier........................		0.97	2.25	0.30	1.30
Sable....	grossier............	3.21	3.66	1.17	7.87
	moyen...............	8.02	2.90	18.36	16.43
	fin................	5.12	1.09	14.74	6.78
Limon...	sableux.............	12.32	7.33	20.56	10.60
	fin................	26.53	29.08	23.34	17.61
	très fin............	31.94	33.39	14.64	27.23
Argile........................		11.89	20.30	6.89	12.18

Sauf pour le n° 139, ces terres contiennent une proportion considérable de limon très fin. La terre d'Artiqueloube (n° 138) est franchement une terrefort, tandis que celles de la Capelette (n° 137) et de Cuberté (n° 140) ont une constitution qui est intermédiaire entre celle des terreforts et celle des boulbènes. Quant à la terre de Sainte-Raffine (n° 139), elle est formée surtout de sables fins avec moins de limon et moins d'argile.

On a fait l'examen au laboratoire des propriétés physiques :

		N° 137.	N° 138.	N° 139.	N° 140.
Densité ..	réelle.................	2.67	2.70	2.66	2.64
	apparente	1.41	1.44	1.55	1.57
Porosité........................		47.20	46.70	41.70	40.50
Capacité..	pour l'eau en volume......	35.40	41.30	34.30	38.10
	pour l'air............	11.80	5.40	7.40	2.40
	pour l'eau en poids.......	25.10	28.70	22.10	24.30
Perméabilité		0.02	0.03	0.27	0.06

Si l'on excepte celle de Sainte-Raffine (n° 139), ces terres sont très peu perméables. Elles se ressuient assez mal ; elles ont une capacité pour l'eau assez faible. La terre de Sainte-Raffine elle-même, bien que notablement plus perméable, a tendance à prendre un état compact et a aussi une capacité pour l'air insuffisante.

A Agen, le canal latéral qui, depuis Toulouse, est construit sur la rive droite de la Garonne, traverse cette dernière et va suivre le fleuve sur sa rive gauche jusqu'à son point terminus. Une nouvelle prise en Garonne lui assure, comme à Toulouse, une provision d'eau supérieure aux besoins de la navigation et qui pourrait être utilisée pour l'arrosage.

Pour passer d'une rive à l'autre, le niveau du canal s'est abaissé considérablement et au-dessous d'Agen pendant 10 kilomètres environ, il ne s'éloigne pas de la Garonne et son niveau n'atteint pas celui des terrains voisins. A partir de Sérignac, au contraire, il domine une plaine étendue.

Un projet d'irrigation étant à l'étude dans cette région, nous en avons fait une étude particulièrement détaillée. Ici comme en amont, la Garonne a creusé sa vallée dans un massif de mollasses appartenant à l'Aquitanien et au Stampien. D'Agen à Sérignac, le versant gauche de la vallée est occupé presque en entier par une terrasse d'alluvions anciennes a_{1d} formée de boulbènes battantes. La basse plaine est réduite à une bande assez étroite constituée par des alluvions modernes et surtout des alluvions anciennes remaniées. On y trouve, en effet, des terrains qui rappellent les limons fins ou boulbènes battantes de la terrasse a_{1c}. En aval de Sérignac, la basse plaine atteint une largeur de 3 à 4 kilomètres et s'étend jusqu'aux coteaux de mollasse. Elle est formée d'une façon générale d'alluvions modernes sableuses au voisinage de la Garonne et devenant de plus en plus argileuses à mesure que l'on s'en éloigne.

De Sérignac à Agen les eaux du canal ne pourraient pas être amenées sur les terres voisines par leur écoulement naturel; il faudrait les élever mécaniquement, si l'on voulait les utiliser par l'arrosage. Nous avons cependant prélevé des échantillons sur cette partie du parcours.

Échantillon n° 76. — La Ville (commune de Brax, Lot-et-Garonne), à gauche du chemin traversant le canal et allant vers Colayrac-Saint-Cirq, à 150 mètres d'un petit ruisseau coulant au pied de la terrasse d'alluvions anciennes.

Alluvions de la basse plaine de la Garonne, recouvertes par les grandes crues. Cette terre se transforme en boue avec l'eau, durcit par la sécheresse, mais ne se fendille pas; elle est un peu battante. Les cultures dominantes sont les céréales, le maïs, la luzerne, quelques vignes, des prairies naturelles sur le bord du ruisseau à la faveur de l'humidité apportée par des sources qui marquent le pied de la terrasse inférieure des alluvions anciennes.

L'échantillon a été prélevé dans un chaume de blé cultivé en planches où l'on a fait l'examen de la perméabilité. On a trouvé pour cette dernière en poursuivant les observations pendant vingt-quatre heures : **0.16**.

Dans une luzernière de deux ans, on a trouvé : **0.53**.

Échantillon n° 77. — Métairie de Borde-Neuve, entre cette métairie et le chemin qui longe la Garonne en passant par Monbusq (commune du Passage, Lot-et-Garonne). Alluvions modernes de la Garonne, recouvertes par les grandes crues. Terre sableuse, sans cailloux, ayant plusieurs mètres d'épaisseur, facile à travailler, se ressuyant rapidement après les pluies, durcissant peu et ne crevassant pas par la sécheresse, paraissant fertile. Les cultures dominantes sont les céréales, le sorgho à balais, tomates, melons, cornichons, haricots, arrosés à l'aide de norias puisant l'eau dans les puits.

L'échantillon a été prélevé dans un champ de topinambours. On y a observé la perméabilité en laissant l'appareil en place pendant vingt-quatre heures. On a trouvé : **0.30**.

Dans une prairie naturelle voisine on a constaté une perméabilité beaucoup plus grande, supérieure à 10. Mais les herbes étaient desséchées par la sécheresse et nous savons que dans ces conditions la perméabilité paraît souvent beaucoup plus grande qu'elle n'est en réalité.

4.

Échantillon n° 78. — Guiral, au Sud du chemin allant à Montbusq, commune du Passage (Lot-et-Garonne).

Alluvions modernes de la basse plaine. Terre sableuse sans cailloux, assez facile à travailler, ne crevassant pas en été. Mêmes cultures qu'au point de prise précédent. On y fait également l'arrosage de cultures maraîchères en puisant l'eau dans des puits à l'aide de norias. L'irrigation s'effectue par le système dit à la raie en employant des volumes très réduits. On obtient ainsi de très bons résultats.

L'échantillon a été prélevé dans une terre récemment labourée; on y fait l'observation de la perméabilité en laissant l'appareil en place pendant vingt-quatre heures, on a trouvé : **0.49.**

Dans un pré pâturé voisin, très sec, on a trouvé : **2.1.**

Échantillon n° 79. — Métairie de Bigourdasse, près du canal, en face de Frésonis (commune du Passage, Lot-et-Garonne).

Limon sans cailloux, ayant au moins 2 mètres d'épaisseur, assez facile à travailler, ne crevassant pas par la sécheresse.

L'échantillon a été prélevé dans une terre labourée. On y a fait l'examen de la perméabilité. On a trouvé au bout de vingt-quatre heures : **1.6.**

Dans une luzernière voisine, on a trouvé : **5.5.**

Échantillon n° 80. — Tourron, au sud de Brax, sur le petit chemin allant à Barbic (commune de Brax, Lot-et-Garonne). Terrasse d'alluvions anciennes a_{1_c} de la carte géologique, dominant d'environ 15 mètres la basse plaine de la Garonne, à 50 mètres du bord de cette terrasse.

Limon blanchâtre sans cailloux, homogène sur une épaisseur dépassant 2 ou 3 mètres. Terre « douce » se tenant assez fraîche en été, durcissant peu par la sécheresse, ne se fendillant pas, battante. On trouve des joncs dans les fossés bien que l'écoulement des eaux soit suffisant.

La perméabilité observée dans un champ de maïs fourragé a été trouvée égale à **0.21.**

Dans un pré fauché et pâturé, très sec, on a trouvé : **18.5.**

Échantillon n° 87. — Métairie de Lalanne, entre le canal et la prise qui l'alimente en face d'Agen (commune du Passage, Lot-et-Garonne).

Alluvions modernes de la basse plaine.

Limon fin sans cailloux, de couleur blanchâtre, très profond, terre battante, ne se fissurant pas par la sécheresse. On trouve des joncs dans les fossés de la route.

Dans une terre labourée, après une récolte de maïs, on a constaté, en poursuivant les observations du jour au lendemain, une perméabilité égale à **0.33.**

Dans une luzernière, on a trouvé : **0.18.**

Les échantillons des terres précédentes analysées par la méthode de M. Schlœsing ont donné les résultats suivants :

			TOTAL.	SILICEUX.	CALCAIRE.	DÉBRIS ORGANIQUES.
N° 76..	Sable....	grossier	335.0	333.0	0.2	2.8
		fin	544.4	540.3	4.1	"
	Argile		111.8	"	"	"
	Humus.................		0.0	"	"	"

			TOTAL.	SILICEUX.	CALCAIRE.	DÉBRIS ORGANIQUES.
N° 77..	Sable....	grossier	562.1	548.3	8.9	4.9
		fin	350.7	333.9	16.8	//
	Argile.................		74.7	//	//	//
	Humus.................		3.9	//	//	//
N° 78..	Sable....	grossier	473.2	469.4	0.8	3.0
		fin	419.3	413.6	5.7	//
	Argile		96.0	//	//	//
	Humus.................		3.9	//	//	//
N° 79..	Sable....	grossier........	671.8	668.7	0.8	2.3
		fin	247.7	243.7	4.0	//
	Argile................		73.3	//	//	//
	Humus.................		3.3	//	//	//
N° 80..	Sable....	grossier	280.5	277.9	0.3	2.3
		fin	599.0	594.8	4.2	//
	Argile................		107.4	//	//	//
	Humus.................		4.0	//	//	//
N° 87..	Sable....	grossier	201.6	198.2	0.4	3.0
		fin	661.5	656.9	4.6	//
	Argile.................		123.3	//	//	//
	Humus.................		2.8	//	//	//

L'analyse mécanique a donné les résultats suivants :

		N° 76.	N° 77.	N° 78.	N° 79.	N° 80.	N° 87.
Gravier......................		1.81	//	0.76	//	0.49	1.07
Sable....	grossier	8.40	1.50	2.93	1.85	1.65	2.20
	moyen	9.46	18.43	13.52	30.42	4.90	4.05
	fin	6.01	12.99	7.29	15.75	2.73	3.36
Limon ...	sableux	8.15	19.29	18.16	15.06	12.74	10.31
	fin	23.13	21.75	25.74	13.99	42.46	28.58
	très fin...........	32.06	18.57	22.07	15.60	24.34	38.23
Argile......................		10.98	7.47	9.53	7.33	10.69	12.20

A l'examen des propriétés physiques au laboratoire, on a obtenu :

		N° 76.	N° 77.	N° 78.	N° 79.	N° 80.	N° 87.
Densité ..	réelle.............	2.58	2.60	2.58	2.60	2.59	2.66
	apparente	1.53	1.53	1.54	1.53	1.45	1.46
Porosité.....................		40.70	41.50	40.30	41.20	44.00	45.10
Capacité ..	pour l'eau en volume..	36.30	34.40	34.70	30.00	37.40	38.70
	pour l'air	4.40	7.10	5.60	11.20	6.60	6.40
	pour l'eau en poids...	23.70	22.60	22.50	19.60	25.80	26.50
Perméabilité.................		0.15	0.27	0.11	1.43	0.16	0.05

Parmi les terres qui précèdent, il faut mettre à part celle de Bigourdasse (n° 79) car elle a une constitution physique bien différente des cinq autres. Sans doute à cause d'un ruisseau voisin, à sec l'été, mais petit torrent l'hiver, et qui en a délavé les parties fines, elle est formée de sables assez grossiers, tandis que les terres de la région sont généralement à éléments très fins. Aussi y observe-t-on une perméabilité notablement plus grande, une capacité pour l'eau plus faible et une capacité pour l'air plus grande.

Il n'en est pas de même pour les autres échantillons prélevés. Ceux qui proviennent du voisinage de la Garonne (n°ˢ 77 et 78) sont des sables très fins, non argileux, constituant des terres légères faciles à travailler, mais ayant tendance à prendre une texture très compacte. Nous y avons constaté une perméabilité très réduite, bien qu'au premier examen il y ait l'impression de terrains sablonneux et par conséquent perméables.

Les autres terres plus éloignées du fleuve sont des limons à éléments encore plus ténus. Ce sont des boulbènes battantes, tout à fait semblables à celles que nous avons observées jusqu'ici sur la terrasse inférieure des alluvions anciennes. Il y a donc tout lieu de croire que nous sommes là en présence d'alluvions anciennes remaniées, arrachées à la terrasse a_{1c} par l'érosion du fleuve ou de ses petits affluents.

Quoi qu'il en soit, les terres de cette région sont très peu perméables. Elles prennent une texture compacte et n'ont pas une capacité pour l'air suffisante. Elles ont une tendance marquée à devenir axphyxiantes dès qu'elles contiennent un petit excès d'eau. Elles ne devraient donc être arrosées qu'avec une très grande prudence.

Aux environs de Sérignac, les alluvions de la basse plaine s'étendent sur une largeur plus considérable, qui atteint plus de 3 kilomètres. Nous y avons effectué les essais suivants :

Échantillon n° 71. — A 150 mètres au N. O. de la métairie de Joannisson, commune de Sérignac (Lot-et-Garonne).

Alluvions modernes de la basse plaine. Limon jaunâtre sans cailloux. La couche homogène représentée par l'échantillon a environ 1 m. 50 ou 2 mètres d'épaisseur. Terre se délayant en boue par la pluie, se crevassant par la sécheresse.

On a fait l'examen de la perméabilité dans un chaume de blé, cultivé en planches, n'ayant reçu aucune façon depuis la moisson. On a maintenu l'appareil en place pendant 36 heures. Au bout de ce temps, on a trouvé : **0.5**.

Dans un pré fauché et pâturé voisin dont les herbes étaient desséchées, on a trouvé : **5.0**.

Échantillon n° 72. — Château du Hâ, près de Bellevive, commune de Sérignac (Lot-et-Garonne).

Alluvions modernes de la basse plaine. Terre sableuse sans cailloux. La couche homogène a au moins 2 mètres d'épaisseur au-dessus de la grave imperméable, mélange de gros gravier et de terre argileuse. Terre facile à travailler, ne se fissure pas par la sécheresse. Les cultures dominantes sont la vigne, le maïs, le sorgho à balais.

La perméabilité a été observée dans un chaume de blé en planches, cultivé superficiellement pour y semer du trèfle incarnat. On a poursuivi les observations pendant trente-six heures. Dans une extrémité du champ un peu piétinée, on a trouvé : **3.3**.

Dans le milieu du champ : **3.5**.

Dans une prairie naturelle voisine dont les herbes étaient desséchées : **16.0**.

Échantillon n° 73. — Métairie de la Bâtisse (commune de Sérignac, Lot-et-Garonne).

Terre sableuse sans cailloux, ayant au moins 2 mètres d'épaisseur au-dessus de la grave, facile à travailler en tous temps, ne se fissurant pas par la sécheresse. Les cultures sont les mêmes qu'au château du Hâ.

La perméabilité a été, dans un chaume de blé cultivé en petits billons, n'ayant reçu aucune façon depuis la moisson : **1.3.**

Dans un pré fauché et pâturé, très sec et très piétiné, on a obtenu : **0.45.**

Échantillon n° *74.* — Métairie d'Arnaulong, commune de Sérignac (Lot-et-Garonne).

Alluvions modernes de la basse plaine, probablement mélangées d'alluvions anciennes. Terre un peu caillouteuse, un peu argileuse, se fissurant par la sécheresse en devenant très dure.

L'échantillon a été prélevé dans un chaume de blé labouré très superficiellement pour y semer un fourrage d'arrière-saison. On a fait l'examen de la perméabilité dans ce champ. On a trouvé : **1.3.**

Dans une prairie naturelle voisine, où les herbes étaient desséchées, on a trouvé : **4.5.**

Échantillon n° *75.* — Bergougnan, commune de Sérignac (Lot-et-Garonne). Terrasse a_{1c} des alluvions anciennes sur un léger mamelon au-dessus et au Sud de Sérignac. Limon un peu argileux sans cailloux, ayant plusieurs mètres de profondeur. Le niveau d'eau est à 6 mètres dans la grave. Cette terre durcit en temps de sécheresse, mais ne se fissure pas, un peu battante.

L'examen de la perméabilité effectué dans un champ labouré après récolte de blé a donné le résultat suivant : **1.5.**

Dans une luzernière de 2 ou 3 ans on a obtenu : **0.75.**

L'analyse physico-chimique des cinq échantillons précédents a donné :

			TOTAL.	SILICEUX.	CALCAIRE.	DÉBRIS ORGANIQUES.
N° 71..	Sable....	grossier........	92.7	85.0	5.4	2.3
		fin...........	575.0	520.8	54.2	//
	Argile................		301.9	//	//	//
	Humus................		6.2	//	//	//
N° 72..	Sable....	grossier........	738.0	729.1	5.0	3.9
		fin...........	194.1	187.7	6.4	//
	Argile................		59.6	//	//	//
	Humus................		2.2	//	//	//
N° 73..	Sable....	grossier........	653.8	647.8	2.2	3.8
		fin...........	249.5	243.6	5.9	//
	Argile................		89.0	//	//	//
	Humus................		0.0	//	//	//
N° 74..	Sable....	grossier........	357.7	353.6	1.4	2.7
		fin...........	470.0	461.6	8.4	//
	Argile................		160.5	//	//	//
	Humus................		0.3	//	//	//
N° 75..	Sable....	grossier........	255.2	248.3	4.2	2.7
		fin...........	548.0	539.4	8.6	//
	Argile................		177.4	//	//	//
	Humus................		1.4	//	//	//

L'analyse mécanique a fourni les chiffres suivants :

		N° 71.	N° 72.	N° 73.	N° 74.	N° 75.
Gravier		//	//	//	2.02	1.50
Sable	grossier	0.23	3.25	0.99	3.64	4.08
	moyen	1.99	38.37	27.81	11.06	6.12
	fin	1.49	13.31	16.05	5.65	2.30
Limon	sableux	10.23	15.39	17.92	13.98	8.47
	fin	32.35	12.28	17.11	25.21	37.19
	très fin	23.52	11.44	11.22	22.71	22.87
Argile		30.19	5.96	8.90	15.73	17.47

Ces chiffres nous montrent, comme nous l'avait indiqué leur aspect superficiel, deux natures de terrains présentant des différences assez grandes. La partie de la plaine de Sérignac la plus rapprochée de la Garonne est plus sableuse. La terre en est formée d'éléments assez grossiers, peu argileux. Mais, en s'éloignant du fleuve, elle devient bientôt constituée par des éléments plus ténus, mélangés d'argile en proportion notable. Les propriétés physiques présentent également des différences sensibles.

Au laboratoire, nous avons obtenu les chiffres suivants :

		N° 71.	N° 72.	N° 73.	N° 74.	N° 75.
Densité	réelle	2.61	2.66	2.65	2.60	2.58
	apparente	1.31	1.56	1.56	1.47	1.43
Porosité		49.80	41.30	41.10	43.50	44.60
Capacité	pour l'eau en volume	40.20	26.80	28.50	34.70	34.50
	pour l'air	9.60	14.50	12.60	8.80	10.10
	pour l'eau en poids	30.70	17.20	18.30	23.60	24.10
Perméabilité		0.11	0.76	0.55	0.14	1.10

Les terres sableuses du château du Hâ et de la Batisse ont une texture plus compacte, une porosité moins grande, mais par suite de leur faible teneur en argile elles ont aussi une capacité pour l'eau moins grande. Il en résulte que leur capacité pour l'air est assez élevée. Elles se ressuient bien après avoir été mouillées, en laissant aux ramiers une provision d'air suffisante. Leur perméabilité, bien que faible encore, est cependant plus grande que celle des terres argileuses de la partie de la plaine plus éloignée de la Garonne.

Ces dernières ont des propriétés physiques moins favorables, plus faible perméabilité et plus faible capacité pour l'air. Quant à l'échantillon provenant des alluvions anciennes, il s'est montré, contrairement à ce que nous avons observé jusqu'ici, plus perméable et de texture moins compacte. Mais on s'expliquera aisément ce fait si l'on remarque qu'il a été prélevé sur un dernier mamelon de la terrasse d'alluvions anciennes qui a été ici presque entièrement emportée par l'érosion, et que les eaux en ont délavé les éléments les plus fins.

En aval de Sérignac la basse plaine de la Garonne, comprise entre le canal et le fleuve, se continue en conservant la même physionomie. A la hauteur de Port-Sainte-Marie, nous avons encore effectué une série d'observations :

Échantillon n° 81. — Métairie de Mondine, à 100 mètres de la route de Port-Sainte-Marie à Feugarolles (Lot-et-Garonne). Alluvions modernes ou alluvions anciennes remaniées. Limon blanchâtre sans cailloux ayant au moins 2 mètres d'épaisseur, se délayant en boue avec l'eau, durcissant beaucoup et se crevassant par la sécheresse.

La perméabilité observée dans une terre labourée et fumée a été trouvée égale à : **0.14**.

Dans un pré pâturé on a trouvé : **0.22**.

Échantillon n° 82. — Tizané, sur le petit chemin allant de Tizané à Menot, à droite de ce chemin, à 100 mètres au Sud de Tizané, commune de Feugarolles (Lot-et-Garonne).

Alluvions modernes ou alluvions anciennes remaniées. Terres un peu caillouteuses, de profondeur non déterminée mais supérieur à 0 m. 50, se fendillant par la sécheresse. Ce point de prise est au fond de la petite vallée de l'Auvignon qui, descendant des collines voisines calcaires, a creusé son lit dans la basse plaine de la Garonne.

La perméabilité observée dans une terre labourée profondément défoncée a été : **5.4**.

Dans un pré voisin on a obtenu : **0.7**.

Échantillon n° 83. — Bouibas, commune de Bruch (Lot-et-Garonne). Alluvions modernes de la basse plaine. Limon jaune sans cailloux, très argileux, ayant au moins 2 mètres d'épaisseur, se crevassant fortement par la sécheresse.

La perméabilité a été observée dans un chaume de blé cultivé en billons : **1.5**.

Échantillon n° 84. — Métairie de Lauzeau, commune de Montesquieu (Lot-et-Garonne).

Alluvions modernes de la basse plaine. Limon jaunâtre sableux sans cailloux, ayant au moins 2 mètres d'épaisseur, ne fendillant pas par la sécheresse.

La perméabilité observée dans un champ de topinambours a été : **1.7**.

Dans une prairie naturelle, on a trouvé : **0.35**.

Échantillon n° 85. — Métairie de Touret, commune de Saint-Laurent (Lot-et-Garonne).

Alluvions modernes de la basse plaine, limon sableux sans cailloux, terre facile à travailler en tous temps, ne durcissant pas par la sécheresse.

La perméabilité observée dans un champ de pommes de terre après la récolte a été : **0.66**.

Dans un pré dont l'herbe était complètement desséchée on a trouvé : **39.0**.

Ce dernier résultat est manifestement trop élevé mais il montre comment les racines séchées et recroquevillées au sein de la terre peuvent créer une perméabilité apparente très grande.

Échantillon n° 86. — Métairie de Mousse, commune de Saint-Laurent, à 500 mètres au sud de ce village (Lot-et-Garonne).

Alluvions modernes. Terre sableuse sans cailloux, ayant au moins 2 mètres d'épaisseur, très légère, très facile à travailler en tous temps. La perméabilité, observée dans une terre labourée, a été trouvée égale à : **0.54**.

Dans un pré voisin, très sec, on a trouvé : **17.5**.

Les analyses physico-chimiques effectuées sur les échantillons qui précèdent ont donné :

			TOTAL.	SILICEUX.	CALCAIRE.	DÉBRIS ORGANIQUES.
N° 81..	Sable....	grossier......	342.4	339.9	0.3	2.0
		fin..........	485.4	481.8	3.6	//
	Argile...............		160.0	//	//	//
	Humus..............		1.9	//	//	//
N° 82..	Sable....	grossier......	449.7	445.0	2.4	2.3
		fin..........	385.4	371.6	13.8	//
	Argile...............		149.4	//	//	//
	Humus..............		1.8	//	//	//
N° 83..	Sable....	grossier......	210.1	208.1	0.3	1.7
		fin..........	534.2	527.0	7.2	//
	Argile...............		238.0	//	//	//
	Humus..............		3.0	//	//	//
N° 84..	Sable....	grossier......	676.9	672.4	1.0	3.5
		fin..........	246.9	243.4	3.5	//
	Argile...............		69.6	//	//	//
	Humus,..............		2.9	//	//	//
N° 85..	Sable....	grossier......	635.8	632.4	0.6	2.8
		fin..........	258.8	254.8	4.0	//
	Argile...............		94.4	//	//	//
	Humus..............		2.7	//	//	//
N° 86..	Sable....	grossier......	673.1	645.6	16.7	10.3
		fin..........	249.8	233.7	//	//
	Argile...............		69.1	//	//	//
	Humus..............		2.1	//	//	//

L'analyse mécanique a fourni les chiffres suivants :

		N° 81.	N° 82.	N° 83.	N° 84.	N° 85.	N° 86.
Gravier...............		1.03	1.61	0.37	//	0.96	0.29
Sable....	grossier...........	5.88	9.94	1.15	0.97	15.82	2.34
	moyen...........	10.27	15.83	3.40	23.72	21.47	18.67
	fin.............	3.48	6.20	2.63	16.29	8.08	16.64
Limon....	sableux.........	9.30	7.38	10.46	19.84	12.12	23.49
	fin.............	25.82	19.78	36.80	16.44	14.42	16.63
	très fin...........	28.38	24.56	21.48	15.78	17.78	15.06
Argile..................		15.84	14.70	23.71	6.96	9.35	6.88

Enfin l'examen des propriétés physiques par les méthodes de laboratoire a donné :

		N° 81.	N° 82.	N° 83.	N° 84.	N° 85.	N° 86.
Densité ..	réelle.............	2.59	2.62	2.66	2.66	2.68	2.67
	apparente..........	1.48	1.42	1.37	1.59	1.63	1.50
Porosité...................		42.90	45.80	48.50	40.20	39.20	43.80
Capacité..	pour l'eau en volume..	35.50	31.30	37.00	34.50	32.70	35.70
	pour l'air.........	7.40	14.50	11.50	5.70	6.50	8.10
	pour l'eau en poids....	24.00	22.00	27.00	21.70	20.10	23.80
Perméabilité		0.22	1.05	0.89	0.38	0.49	1.29

Nous retrouvons dans la plaine de Port-Sainte-Marie les types de terre que nous avons déjà observés à Sérignac.

Dans la partie la plus éloignée du fleuve, vers le canal, nous rencontrons des limons très argileux (Mondine n° 81, Bonibas n° 83). Leur perméabilité est faible ou très faible. Ils constituent des terres difficiles à travailler, se ressuyant assez mal lorsqu'ils ont reçu un excès d'eau.

Si nous nous rapprochons de la Garonne nous voyons, comme à Sérignac, des sols sableux, à grains très fins, très légers et faciles à travailler (Lauzeau, n° 84, Touret, n° 85). Mais ils occupent ici une largeur beaucoup plus grande, à peu près la moitié de la basse plaine. Cependant, malgré leur aspect sablonneux, ces terres sont encore peu perméables. Elles prennent une texture compacte et n'ont qu'une porosité et une capacité pour l'air réduites.

Au voisinage immédiat du fleuve, ces terres sableuses sont à éléments plus grossiers et possèdent une perméabilité un peu plus grande (Mousse, n° 86). De même dans la petite vallée du ruisseau l'Auvignon où les parties ténues ont été éliminées par l'érosion on trouve des terres où le sable grossier domine et où la perméabilité et la capacité pour l'air prennent une valeur plus grande (Tizané, n° 82).

Après le confluent de la Baïse, à 5 kilomètres en aval de Port-Sainte-Marie, le canal latéral domine encore une basse plaine dont la largeur atteint 3 à 4 kilomètres. Nous y avons effectué une série d'essais aux environs de Tonneins (pl. III; p. 64).

Dans cette région les terrains susceptibles d'être arrosés au moyen du canal sont toujours, au point de vue géologique, des alluvions modernes de la basse plaine. Mais la Garonne vient de se grossir à Aiguillon d'un affluent important, le Lot, et les apports de ce dernier ont certainement contribué à la formation de ces alluvions. Nous les reconnaissons sous forme de sables rougeâtres formant une bande de 1 à 2 kilomètres de largeur sur le bord du fleuve. Plus loin nous retrouvons des limons argileux de couleur claire, semblables aux alluvions modernes ordinaires de la Garonne.

Ces derniers terrains sont souvent marécageux, le petit ruisseau de Lourbise s'y divise en nombreux bras ou s'y étale en étangs, comme celui de la Grande-Mazière.

Voici le détail des essais effectués dans cette région :

Échantillon n° 191. — Métairie de Bourriol, commune de Tonneins (Lot-et-Garonne).

Alluvions modernes de la basse plaine. Limon sans cailloux un peu sableux, un peu rougeâtre, ayant 2 ou 3 mètres d'épaisseur au-dessus de la grave. Cette terre ne se crevasse pas sensiblement en été, paraît fertile et facile à travailler.

La perméabilité observée dans un chaume de blé cultivé en planches a été : **0.9.**

Échantillon n° 192. — Hameau de la Barthe, commune de Villeton (Lot-et-Garonne).

Alluvions modernes de la basse plaine. Limon sans cailloux, de couleur claire, ayant plus de 1 mètre d'épaisseur sur un sous-sol imperméable. Cette terre paraît assez difficile à travailler, humide en hiver, ne se fissurant pas en été. La terre est coupée de fossés pour l'écoulement des eaux qui indiquent un sous-sol imperméable; on trouve des joncs dans ces fossés.

La perméabilité observée dans un chaume de blé était : **4.8.**

Échantillon n° 193. — Moulin de Lourbise, commune de Lagruère (Lot-et-Garonne).

Alluvions modernes de la basse plaine, terre sableuse brune, rougeâtre, sans cailloux, ayant 4 à 5 mètres d'épaisseur au-dessus du gravier, paraissant facile à travailler en tous temps et très fertile.

La perméabilité a été mesurée dans un chaume de blé, on a trouvé : **4.0.**

Échantillon n° 194. — Métairie de Padivin, commune de Lagruère (Lot-et-Garonne).

Alluvions modernes de la basse plaine. Terre sableuse, sans cailloux, brun rougeâtre, ayant 4 ou 5 mètres d'épaisseur au-dessus de la grave, paraît très facile à travailler en tous temps et très fertile (belles cultures de tabac, maïs, betteraves).

On a effectué l'essai de la perméabilité dans un chaume de maïs : **3.8.**

Échantillon n° 195. — Métairie de la Gravette, commune de Lagruère (Lot-et-Garonne).

Alluvions modernes de la basse plaine; terre jaunâtre sans cailloux, crevassant un peu par la sécheresse et devenant dure quoique assez facile à travailler.

La perméabilité a été observée dans un chaume de blé cultivé en billons; on a trouvé : **1.2.**

Échantillon n° 196. — Métairie de Foussac, commune de Lagruère (Lot-et-Garonne).

Alluvions modernes de la basse plaine mélangées d'alluvions anciennes. Terre un peu argileuse, un peu caillouteuse, avant 1 mètre d'épaisseur au-dessus de la grave qui, en cette région, apparaît parfois à fleur de terre. Cette terre est dure en été et se crevasse un peu ; paraît moins fertile, moins fraîche que les précédentes.

La perméabilité, dans un chaume de blé cultivé en billons, a été trouvée égale à : **0.5.**

Les analyses physico-chimiques de ces échantillons ont donné les résultats suivants :

			TOTAL.	SILICEUX.	CALCAIRE.	DÉBRIS ORGANIQUES.
N° 191.	Sable....	grossier........	323.9	311.5	8.7	3.7
		fin...........	544.3	506.9	37.4	//
	Argile		118.0	//	//	//
	Humus..................		3.7	//	//	//
N° 192.	Sable....	grossier........	558.8	557.9	0.5	0.4
		fin............	318.3	313.3	5.0	//
	Argile		111.9	//	//	//
	Humus..................		2.3	//	//	//
N° 193.	Sable....	grossier........	438.7	404.6	27.4	6.7
		fin...........	473.1	421.6	51.5	//
	Argile		77.3	//	2	//
	Humus..................		1.9	//	//	//
N° 194.	Sable....	grossier........	563.8	536.9	19.3	7.6
		fin...........	358.9	330.5	28.4	//
	Argile		69.8	//	//	//
	Humus..................		2.2	//	//	//

			TOTAL.	SILICEUX.	CALCAIRE.	DÉBRIS ORGANIQUES.
N° 195.	Sable....	grossier........	379.8	371.3	6.4	2.1
		fin............	490.2	464.7	25.5	//
	Argile.................		118.7	//	//	//
	Humus.................		2.6	//	//	//
N° 196.	Sable....	grossier........	289.5	285.6	2.8	1.1
		fin............	501.2	487.0	14.2	//
	Argile.................		183.2	//	//	//
	Humus.................		2.9	//	//	//

L'analyse mécanique a donné les résultats suivants :

		N° 191.	N° 192.	N° 193.	N° 194.	N° 195.	N° 196.
Gravier.......................		0.08	0.23	0.16	0.12	0.13	1.86
Sable....	grossier...........	1.16	10.57	0.45	0.93	1.29	8.02
	moyen............	8.07	33.38	9.10	19.62	13.09	10.04
	fin................	9.77	3.48	9.39	12.86	7.61	3.20
Limon....	sableux............	17.78	6.71	24.37	21.60	17.10	5.74
	fin...............	28.13	19.99	31.14	22.77	21.41	22.16
	très fin...........	23.22	14.48	17.67	15.12	27.52	31.00
Argile......................		11.79	11.16	7.72	6.97	11.85	17.98

La méthode d'examen au laboratoire des propriétés physiques a donné les résultats suivants :

		N° 191.	N° 192.	N° 193.	N° 194.	N° 195.	N° 196.
Densité..	réelle.............	2.68	2.64	2.67	2.60	2.66	2.66
	apparente..........	1.53	1.58	1.46	1.43	1.36	1.43
Porosité.....................		42.90	40.10	45.30	45.00	48.90	46.20
Capacité..	pour l'eau en volume..	39.40	30.80	39.60	37.40	35.30	35.10
	pour l'air...........	3.50	9.30	5.70	7.60	13.60	11.10
	pour l'eau en poids....	25.70	19.50	27.10	26.10	25.90	24.50
Perméabilité.................		0.10	0.30	0.50	0.33	0.20	0.86

Les terres de la région de Tonneins sont en général constituées par des limons à éléments plus grossiers que ceux que nous avons rencontrés jusqu'à présent. Leur perméabilité est également un peu plus grande. Cependant, dans la partie la plus éloignée du fleuve, on rencontre encore des sols assez argileux et contenant surtout une forte proportion de sables fins. La perméabilité y est faible. Sur les bords de la Garonne, au contraire, existent des terres sableuses, de couleur rougeâtre dont l'aspect et la constitution physique diffèrent de celles des alluvions ordinaires de la basse plaine de la Garonne. Elles tirent leur origine des apports des grands affluents de la rive droite, notamment du Lot.

En aval de Tonneins la basse plaine arrosable par le canal se rétrécit considérablement. A Marmande elle s'élargit de nouveau en une bouche assez étendue.

Les essais effectués en ce point sont les suivants :

Echantillon n° 197. — Sur le chemin allant de la route de Mont-de-Marsan à Coussan, à l'entrée de ce hameau, commune de Marmande (Lot-et-Garonne).

Limon brun rougeâtre sans cailloux, ayant 4 mètres d'épaisseur, au-dessus d'une couche de 2 mètres qui repose sur la grave.

Cette terre est assez facile à travailler, crevasse un peu en été.

La perméabilité observée dans un chaume de blé cultivé en billons a été la suivante : 0.6.

Échantillon n° 198. — Métairie de Saint Marc, à gauche du chemin allant de Foussan à Fourques, commune de Fourques (Lot-et-Garonne).

Alluvions modernes de la basse plaine. Limon fin, un peu sableux, de peu d'épaisseur, assez facile à travailler, ne crevassant pas par la sécheresse.

L'examen de la perméabilité effectué dans un chaume de blé cultivé en billons a donné le résultat suivant : 0.4.

Échantillon n° 199. — Métairie de la Noguère, commune de Fourques (Gironde).

Alluvions modernes de basse plaine. Limon fin sans cailloux ayant une épaisseur de 3 mètres au-dessus d'une couche de 1 mètre de sable reposant sur la grave. Terre facile à travailler.

Dans un chaume de blé cultivé en billons on a obtenu la perméabilité suivante : 1.5.

Échantillon n° 200. — Hameau du Sable, commune de Marmande (Lot-et-Garonne), sur la route de Marmande à Mont-de-Marsan.

Alluvions modernes et alluvions anciennes mélangées. Terre sableuse sans cailloux. A o m. 5o de profondeur on trouve une couche de sable blanc stérile qui a 1 ou 2 mètres d'épaisseur et repose sur la grave. Terre très légère, très facile à travailler en tous temps.

Dans un chaume de blé cultivé en billons on a trouvé pour la perméabilité : 18.5.

Échantillon n° 201. — Métairie de Baudin, le long du chemin de Marmande à Montpouillan.

Alluvions modernes de la basse plaine. Limon grisâtre sans cailloux, ayant 3 à 4 mètres d'épaisseur au-dessus du niveau de l'eau, assez facile à travailler.

Dans un champ de maïs, de belle apparence, la terre est fraîche à faible profondeur; on y a constaté la perméabilité suivante : 2.3.

Échantillon n° 202. — Sur la droite du chemin de Marmande à Gaujac; 5o mètres avant le pont du chemin de fer, commune de Gaujac (Lot-et-Garonne).

Alluvions modernes de la basse plaine. Terre argileuse un peu forte, sans cailloux, ayant plus de 1 m. 2o d'épaisseur au-dessus de la couche de sable, assez facile à travailler, crevasse un peu par la sécheresse.

La perméabilité a été mesurée dans un chaume de blé; on a trouvé : 1.2.

L'analyse physico-chimique des échantillons précédents a donné les résultats suivants :

		TOTAL.	SILICEUX.	CALCAIRE.	DÉBRIS ORGANIQUES.
N° 197.	Sable.... { grossier........	383.4	365.o	13.3	5.1
	{ fin............	487.6	444.8	42.8	"
	Argile..................	113.7	"	"	"
	Humus.................	2.1	"	"	"

			TOTAL.	SILICEUX.	CALCAIRE.	DÉBRIS ORGANIQUES.
N° 198.	Sable....	grossier	474.3	455.6	13.5	5.2
		fin	418.8	392.4	26.4	//
	Argile		90.7	//	//	//
	Humus.................		3.2	//	//	//
N° 199.	Sable....	grossier	379.6	376.3	2.2	1.1
		fin	464.5	450.4	14.1	//
	Argile		142.3	//	//	//
	Humus.................		3.8	//	//	//
N° 200.	Sable....	grossier	822.7	821.4	0.3	1.0
		fin	132.7	129.5	3.2	//
	Argile		42.7	//	//	//
	Humus.................		1.5	//	//	//
N° 201.	Sable....	grossier	315.5	303.4	4.9	2.2
		fin	575.7	568.1	7.6	//
	Argile		98.7	//	//	//
	Humus.................		3.9	//	//	//
N° 202.	Sable....	grossier	463.0	450.2	9.2	//
		fin	417.9	384.0	33.9	//
	Argile		104.8	//	//	//
	Humus.................		2.5	//	//	//

L'analyse mécanique nous a fourni les chiffres suivants :

		N° 197.	N° 198.	N° 199.	N° 200.	N° 201.	N° 202.
Gravier..................		0.12	0.06	0.51	0.79	1.36	0.33
Sable....	grossier	1.58	1.54	7.37	27.20	5.97	8.42
	moyen	9.95	11.96	19.39	47.04	10.22	16.74
	fin	7.47	9.74	1.97	4.66	3.09	5.32
Limon...	sableux............	17.76	22.72	5.54	1.91	11.38	10.68
	fin	29.75	25.92	24.66	4.95	45.68	25.74
	très fin............	22.01	19.00	26.40	9.21	12.56	22.32
Argile..................		11.36	9.06	14.16	4.24	9.74	10.45

La méthode d'examen au laboratoire des propriétés physiques a donné :

		N° 197.	N° 198.	N° 199.	N° 200.	N° 201.	N° 202.
Densité ..	réelle.............	2.68	2.67	2.66	2.64	2.65	2.67
	apparente...........	1.35	1.53	1.38	1.59	1.47	1.49
Porosité..................		49.60	42.70	48.10	39.80	44.50	44.20
Capacité..	pour l'eau en volume ..	35.90	40.10	32.60	21.40	37.80	35.60
	pour l'air	13.70	2.60	15.50	18.40	6.70	8.60
	pour l'eau en poids....	26.60	26.20	23.60	13.50	25.70	23.90
Perméabilité..............		0.20	0.36	0.52	2.26	0.72	0.20

La plaine de Marmande où nous avons prélevé ces échantillons présente dans son sous-sol, au-dessus de la grave que nous avons toujours rencontrée jusqu'ici, une couche d'environ 1 mètre d'épaisseur de sable blanc. Ce dépôt qui géologiquement appartient aux alluvions anciennes est recouvert d'une couche de hauteur variable d'alluvions modernes. Dans la région du Sable (n° 200) ces dernières n'ont que très peu d'épaisseur ou sont absentes. Le sol est alors sablonneux et très perméable. Les alluvions modernes présentes partout ailleurs sont constituées en général par des limons fins souvent peu argileux qui donnent des terres peu perméables, quelquefois un peu battantes comme les boulbènes. Les alluvions sableuses, de couleur rougeâtre, qui étaient très communes à Tonneins, sont peu abondantes à Marmande.

En aval de Meilhan, le canal latéral se rapproche de la Garonne qu'il longe jusque près de la Réole, pour s'en écarter de nouveau et dominer une plaine de 2 à 3 kilomètres de largeur, de la Réole à Castets où il se termine.

Nous avons effectué les essais suivants aux environs de la Réole :

Échantillon n° 203. — Métairie de Mariette, à 1 kilomètre au sud de la Réole, commune de Floudes (Gironde).

Alluvions modernes de la basse plaine. Terre sableuse rougeâtre, sans cailloux, de grande profondeur, se travaillant facilement, meuble, ne se fendillant pas par la sécheresse, paraissant très fertile.

On a fait la mesure de la perméabilité dans un champ de sorgho à balais. On a obtenu : **2.0.**

Échantillon n° 204. — Métairie de Püs-Lèbre, commune de Blagnac (Gironde).

Alluvions moderne de la basse plaine. Terre rougeâtre, sans cailloux, de grande profondeur, très meuble, se travaillant facilement, ne se fendillant pas par la sécheresse.

La perméabilité, observée dans un chaume de blé, a été trouvée égale à : **0.4.**

Échantillon n° 205. — Métairie de M. Tellier, commune de Puybarban (Gironde).

Alluvions modernes de la basse plaine mélangées d'alluvions anciennes.

Limon grisâtre, sans cailloux, de grande profondeur. Terre devenant dure par la sécheresse et ne se fendillant pas.

L'observation de la perméabilité a donné, dans une vigne non labourée : **0.5.**

Échantillon n° 206. — Près de l'église de Floudes (Gironde).

Alluvions modernes de la basse plaine. Limon fin argileux, sans cailloux, se crevassant par la sécheresse.

Dans un chaume de blé la perméabilité était : **2.6.**

Échantillon n° 207. — Métairie de Navette, à l'entrée du hameau de Bedat, commune de Baric (Gironde).

Alluvions modernes de la basse plaine. Limon gris, non caillouteux, devenant assez dur et compact par la sécheresse. Terre plutôt facile à travailler.

On a fait l'observation de la perméabilité dans un chaume de blé : **6.2.**

Échantillon n° 208. — Métairie des Aurious, commune de Bassanne (Gironde).

Alluvions modernes de la basse plaine mélangées d'alluvions anciennes. Limon gris fin, sans cailloux, ne crevassant pas par la sécheresse, mais devenant dur et compact, assez difficile à travailler.

La perméabilité a été mesurée dans un chaume de blé. On a trouvé : **5.3.**

L'analyse physico-chimique des six échantillons prélevés dans la région de la Réole a donné les résultats suivants :

			TOTAL.	SILICEUX.	CALCAIRE.	DÉBRIS ORGANIQUES.
N° 203.	Sable....	grossier......	310.6	292.0	13.7	4.9
		fin..........	586.6	542.4	44.2	//
	Argile.................		90.4	//	//	//
	Humus.................		1.9	//	//	//
N° 204.	Sable....	grossier......	588.2	584.3	0.6	3.3
		fin..........	311.5	307.6	0.9	//
	Argile.................		87.1	//	//	//
	Humus.................		4.5	//	//	//
N° 205.	Sable....	grossier......	637.4	634.1	1.5	1.8
		fin..........	266.9	261.3	5.6	//
	Argile.................		86.8	//	//	//
	Humus.................		3.1	//	//	//
N° 206.	Sable....	grossier......	284.2	271.4	8.4	4.4
		fin..........	571.0	541.4	29.6	/
	Argile.................		127.7	//	//	//
	Humus.................		2.6	//	//	//
N° 207.	Sable....	grossier......	277.3	257.6	3.0	16.7
		fin..........	583.7	538.2	45.5	//
	Argile.................		114.6	//	//	//
	Humus.................		2.0	//	//	//
N° 208.	Sable....	grossier......	482.9	480.5	0.5	1.9
		fin..........	382.0	375.2	5.8	//
	Argile.................		126.0	//	//	//
	Humus.................		0.2	//	//	//

L'analyse mécanique nous a donné :

		N° 203.	N° 204.	N° 205.	N° 206.	N° 207.	N° 208.
Gravier.................		0.06	0.71	0.61	0.11	0.04	0.66
Sable....	grossier..........	0.43	8.39	12.72	0.73	0.41	0.78
	moyen..........	8.07	30.17	32.33	7.53	2.59	26.28
	fin..........	6.99	4.83	6.06	5.26	4.78	4.54
Limon...	sableux..........	19.64	10.24	8.14	15.15	23.33	6.05
	fin..........	32.89	19.20	16.43	34.35	35.41	18.40
	très fin..........	22.89	17.81	15.08	24.11	21.98	30.77
Argile.................		9.03	8.65	8.63	12.76	11.46	12.52

L'examen au laboratoire des propriétés physiques nous a fourni les chiffres suivants :

		N° 203.	N° 204.	N° 205.	N° 206.	N° 207.	N° 208.
Densité ..	réelle.............	2.69	2.61	2.58	2.60	2.65	2.66
	apparente..........	1.36	1.47	1.59	1.40	1.37	1.59
Porosité.................		49.40	43.70	38.40	46.10	48.30	40.20
Capacité ..	pour l'eau en volume ..	36.20	32.30	30.50	41.70	42.90	36.40
	pour l'air..........	13.20	10.40	7.90	4.40	5.40	3.80
	pour l'eau en poids....	26.60	22.00	19.20	29.80	31.30	22.90
Perméabilité.................		0.20	0.22	0.53	0.01	0.04	0.02

MM. A. Müntz, L. Faure et E. Lainé.

5

Les échantillons de terre prélevés dans la région de la Réole sont en général constitués par des sables à éléments un peu plus grossiers que ceux que nous avions recueillis jusqu'ici. Ils sont également un peu moins argileux. Leur perméabilité n'est cependant pas, en moyenne, sensiblement plus élevée. Ces limons ont souvent tendance à prendre une texture compacte et leur capacité pour l'air est très réduite.

Au bord du canal, au pied de la terrasse d'alluvions anciennes, les terres de la basse plaine sont manifestement mélangées de dépôts plus anciens. On a alors des terres dont l'aspect et les propriétés physiques rappellent ceux des boulbènes battantes.

CONSIDÉRATIONS GÉNÉRALES SUR LE PÉRIMÈTRE ARROSABLE
DU CANAL LATÉRAL À LA GARONNE.

Nous sommes parvenus au terme de cette longue série d'observations effectuées sur l'ensemble du périmètre arrosable du canal latéral à la Garonne.

L'impression qui se dégage tout d'abord de ces nombreux essais c'est que la perméabilité des terrains étudiés est très réduite. Par notre méthode d'observation sur le terrain, nous n'avons, en effet, constaté que très rarement des terres dont la perméabilité atteignait 5. Très fréquemment, au contraire, elle est inférieure à 1.

Malgré cette faible perméabilité, qui leur est commune, elles n'appartiennent pas à un type uniforme. Au point de vue géologique, elles font partie presque toutes de la formation que la carte géologique distingue sous la notation a^2, ou alluvions modernes de la basse plaine. Cependant de Grisolles à Castelsarrasin le canal domine un vaste plateau formé par les alluvions anciennes appartenant à la terrasse a^{1c} de la carte géologique. Ces derniers terrains sont constitués, d'une façon à peu près uniforme, par des limons siliceux très fins, peu argileux, qui donnent des terres compactes, battantes. On les reconnaît immédiatement à leur couleur blanchâtre et, pendant l'été, à ce qu'elles ne se fissurent pas, leur faible teneur en argile ne leur donnant pas une cohésion suffisante, en même temps qu'elles ne subissent pas de retrait sensible en se desséchant. Elles se distinguent ainsi très nettement des alluvions modernes de la basse plaine, qui de Toulouse à Moissac sont représentées par des limons également très fins, mais en même temps très argileux. Ceux-ci subissent par la sécheresse un retrait considérable et le sol se fissure profondément. Ces dépôts, qui proviennent des Pyrénées granitiques ou schisteuses, sont, comme les alluvions anciennes, très pauvres en chaux.

La perméabilité de tous ces terrains est très faible. Dans les limons anciens, que nous avons désignés par l'expression locale de boulbènes, par suite de l'absence d'argile, les éléments sableux ne forment pas d'agrégats; ils ont tendance à se placer de façon à ne laisser entre eux que des espaces vides les plus réduits possible. Bien que leur faculté d'imbibition soit relativement faible, lorsqu'ils sont mouillés, ces interstices sont presque entièrement remplis d'eau et le volume d'air qui subsiste, c'est-à-dire ce qu'il est convenu d'appeler la capacité pour l'air, est très faible. Lorsqu'on arrose ces terres, elles se désagrègent et forment un glacis superficiel qui s'oppose au passage de l'eau et empêche l'humectation dans la profondeur, de sorte que l'eau court à leur surface ou reste stagnante.

Ces boulbènes paraissent donc se prêter mal à l'arrosage : d'un côté elles n'absorbent qu'avec une très grande lenteur l'eau d'arrosage, de l'autre, elles ne sont plus aérées et deviennent asphyxiantes pour les racines des plantes, lorsqu'elles sont saturées d'humidité. En fait, nous avons pu constater, sur des terres analogues du périmètre du canal de Saint-Martory, que l'irrigation, pratiquée, il est vrai, par des cultivateurs peut-être malhabiles, avait souvent donné des résultats désastreux. De toute manière, avant que des essais mieux conduits aient été tentés sur ces boulbènes, il est au moins permis de dire que l'arrosage n'y doit être entrepris qu'avec la plus grande prudence et que les bénéfices à espérer de cette opération sont aléatoires.

Les alluvions modernes de la basse plaine, en amont du confluent du Tarn, s'étendent sur une longueur de 60 kilomètres, sur 3 à 4 kilomètres de largeur, couvrant ainsi une surface de plus de 20,000 hectares. Très différents des précédents, leur constitution, leur physionomie et leurs propriétés physiques sont des plus uniformes. Comme nous venons de le voir, ce sont des limons très fins, comme les boulbènes, mais très argileux. L'argile y maintient les éléments sableux en agrégats et y assure une porosité plus grande. Malgré leur faculté d'imbibition plus considérable, elles ont toujours une capacité pour l'air plus grande. Même saturées d'humidité elles ne sont jamais asphyxiantes pour les racines.

La perméabilité de ces terres, que nous appelons terreforts, selon une expression locale, est généralement un peu plus élevée que celle des boulbènes, mais elle est toujours réduite. Cependant elles absorbent assez facilement l'eau d'arrosage par les fissures, les trous d'insectes ou de taupes, surtout lorsqu'elles sont sèches; elles se mouillent par capillarité. Nous avons pu constater à l'École d'agriculture d'Ondes, dont le sol peut en être pris comme le type moyen, que des arrosages modérés y donnaient des résultats satisfaisants.

En aval du confluent du Tarn, le canal latéral ne domine que des terrains appartenant aux alluvions modernes de la basse plaine, mais la nature de celles-ci n'est plus aussi uniforme. L'influence des apports des grands affluents de la rive droite, le Tarn et le Lot, les a manifestement modifiées. Nous trouvons encore des terreforts, mais elles sont en général moins argileuses que celles d'Ondes et de Grisolles, sans que leur perméabilité soit cependant plus accentuée. Sur les bords de la Garonne, elles se modifient plus profondément, deviennent plus sableuses. Le plus souvent même, au voisinage du fleuve, on constate la présence de sables rougeâtres qui ressemblent aux alluvions rouges sableuses de la basse plaine du Tarn et du Lot. La perméabilité de ces terrains est généralement plus grande, variant de 1 à 5, et nous pensons que l'arrosage pourrait en être effectué avec succès.

Dans les parties plus éloignées du fleuve, on trouve au contraire soit des terreforts plus argileuses, soit des terreforts modifiées par le mélange des boulbènes de la terrasse d'alluvions anciennes qui domine la basse plaine. Ces terrains possèdent alors les défauts des boulbènes et, comme elles, se prêteraient mal à l'arrosage pratiqué avec les procédés usuels.

Le canal latéral à la Garonne est loin d'avoir une portée suffisante pour permettre l'arrosage de tous les terrains qui constituent son périmètre dominé. Parmi ceux-ci les uns pourraient être irrigués, en donnant des bénéfices certains : telles sont les alluvions sableuses voisines du confluent du Tarn et de celui du Lot, ainsi que les terres légères et siliceuses qui, en aval de ces deux rivières, avoisinent le lit de la Garonne. D'autres pourraient encore être irriguées, mais en acquérant de ce fait une plus-value

5.

moindre : ce sont les terreforts de la basse plaine située en amont de Castelsarrasin, ainsi que celles qui forment une partie de la basse plaine en aval.

Enfin, il est d'autres terres, telles que les boulbènes du plateau de Montech, pour lesquelles il est douteux que l'application des procédés usuels d'arrosage y réalise une amélioration économique réelle. Si l'on admet même que l'irrigation y procure des bénéfices, il est certain qu'ils seront beaucoup moindres que sur des terres de nature plus favorable.

Il semble donc logique de faire un choix parmi les terrains que leur situation topographique permet d'arroser, et de réserver l'eau disponible à ceux qui sont le plus aptes à l'utiliser. L'intérêt général veut en effet que l'on cherche à faire de cette eau la source de la plus grande somme de bénéfices et à accroître ainsi au maximum la fortune publique.

ESSAIS EFFECTUÉS SUR LE PÉRIMÈTRE DU CANAL
DE SAINT-MARTORY.

Au cours de nos études des terrains dominés par le canal latéral à la Garonne, nous avons été souvent amenés à les comparer à ceux du périmètre du canal de Saint-Martory. L'année précédente, en 1905, nous nous étions attachés à déterminer la perméabilité de ces derniers terrains. Nous avions constaté que certains d'entre eux avaient une perméabilité extrêmement faible et qu'en même temps l'arrosage n'y avait donné que de mauvais résultats. Nous en avions conclu que l'imperméabilité était dans ce cas l'une des causes, sinon la seule, de la mauvaise utilisation de l'eau. Nous nous sommes appuyés sur ces données pour interpréter les résultats obtenus en 1907 sur le périmètre dominé du canal latéral à la Garonne. Ces dernières mesures ayant été faites selon un mode opératoire différent de celui que nous avions adopté en 1905, il était nécessaire de confirmer les déterminations anciennes, en effectuant sur quelques-uns des mêmes points de nouveaux essais, à l'aide de notre nouvel appareil.

Voici le détail de ces opérations (pl. II) :

Échantillon n° 88. — A 1 kilomètre à l'E. S. E. de Cugnaux (Haute-Garonne).

Limon brun rougeâtre, facile à travailler, avec des cailloux peu abondants. Cette terre homogène a 0 m. 60 de profondeur au-dessus d'un sous-sol formé de cailloux abondants et d'un ciment un peu argileux.

Alluvions anciennes de la terrasse a^{1c}, près du bord inférieur de cette terrasse.

Dans un chaume de blé cultivé à plat l'examen de la perméabilité a donné 0.9.

L'analyse physico-chimique a donné la composition suivante :

		TOTAL.	SILICEUX.	CALCAIRE.	DÉBRIS ORGANIQUES.
Sable....	grossier	450.7	447.1	0.4	3.2
	fin	455.4	452.8	2.6	″
Argile...................		86.3	″	″	″
Humus...................		″		″	″

L'analyse mécanique a fourni les chiffres suivants :

Gravier		1.63
Sable	grossier	4.58
	moyen	8.63
	fin	4.60
Limon	sableux	18.05
	fin	26.88
	très fin	27.14
Argile		8.49

Les propriétés physiques constatées par la méthode de laboratoire sont les suivantes :

Densité	réelle	2.69
	apparente	1.58
Porosité		41.30
Capacité	pour l'eau en volume	33.10
	pour l'air	8.20
	pour l'eau en poids	20.90
Perméabilité		0.05

Cette terre est peu argileuse et elle est constituée par des éléments siliceux fins. C'est un exemple des boulbènes qui constituent la terrasse d'alluvions anciennes s'étendant de Cugnaux à Plaisance. Nous y avions constaté en 1905 des perméabilités très réduites, en même temps que nous avions reconnu que les arrosages étaient peu développés et que, là où ils étaient pratiqués, ils n'avaient pas donné des résultats très satisfaisants.

En 1906, nous constatons encore une perméabilité réduite. Nous avons obtenu un résultat analogue en un point assez voisin, mais choisi dans des terrains de nature un peu différente.

Échantillon n° 89. — Commune de Villeneuve-Tolosane, à 1 kilomètre à l'est de ce village, dans la vallée du Roussimort, à 100 mètres au sud de ce ruisseau.

Alluvions anciennes remaniées.

Terre très caillouteuse, peu profonde (20 à 30 centimètres), au-dessus d'un sous-sol très caillouteux.

Dans un chaume de blé la perméabilité a été : **0.08**.

L'analyse physico-chimique a donné la composition suivante :

		TOTAL.	SILICEUX.	CALCAIRE.	DÉBRIS ORGANIQUES.
Sable	grossier	402.9	397.7	0.6	4.6
	fin	422.8	418.9	3.9	//
Argile		165.0	//	//	//
Humus		0.8	//	//	

L'analyse mécanique nous a donné :

Gravier		2.86
Sable	grossier	9.55
	moyen	10.72
	fin	4.40

$$
\text{Limon} \ldots \begin{cases} \text{sableux} \ldots \ldots \ldots \ldots \ldots \ldots \ldots \ldots \ldots \ldots \ldots \ldots \ldots \ldots & 9.73 \\ \text{fin} \ldots \ldots \ldots \ldots \ldots \ldots \ldots \ldots \ldots \ldots \ldots \ldots \ldots \ldots \ldots & 16.84 \\ \text{très fin} \ldots \ldots \ldots \ldots \ldots \ldots \ldots \ldots \ldots \ldots \ldots \ldots \ldots & 29.40 \end{cases}
$$

Argile. 16.50

L'examen des propriétés physiques au laboratoire nous a fourni les chiffres suivants :

$$
\text{Densité} \ldots \begin{cases} \text{réelle} \ldots \ldots \ldots \ldots \ldots \ldots \ldots \ldots \ldots \ldots \ldots \ldots \ldots & 2.71 \\ \text{apparente} \ldots \ldots \ldots \ldots \ldots \ldots \ldots \ldots \ldots \ldots \ldots & 1.55 \end{cases}
$$

Porosité. 42.80

$$
\text{Capacité} \ldots \begin{cases} \text{pour l'eau en volume} \ldots \ldots \ldots \ldots \ldots \ldots \ldots & 36.70 \\ \text{pour l'air} \ldots \ldots \ldots \ldots \ldots \ldots \ldots \ldots \ldots \ldots & 6.10 \\ \text{pour l'eau en poids} \ldots \ldots \ldots \ldots \ldots \ldots \ldots & 23.70 \end{cases}
$$

Perméabilité. 0.14

Ici le sol est constitué par des cailloux très abondants, cimentés par un limon fin, un peu argileux. C'est en réalité le sous-sol de la basse plaine de la Garonne à ce niveau, le limon superficiel ayant été entraîné par les inondations du ruisseau voisin, le Roussimort. Dans cette partie du périmètre, on ne pratique pas l'arrosage. La perméabilité que nous avons relevée est extrêmement faible.

Notre procédé de laboratoire nous a donné d'ailleurs des chiffres qui confirment ces résultats.

Les deux échantillons précédents ont été prélevés dans une région où l'arrosage n'a généralement pas réussi. Les suivants ont été pris au contraire en un point où l'irrigation est beaucoup plus prospère. Ils proviennent de l'hippodrome du château de la Cépière, à 3 kilomètres à l'est de Toulouse. Nous sommes ici sur les alluvions modernes de la basse plaine, au pied de la terrasse a^{lc} de Cugnaux-Plaisance.

La terre arable est formée par un limon jaunâtre sans cailloux, un peu sableux.

L'arrosage est pratiqué sur des prairies naturelles et paraît y fournir un **foin** assez abondant. Nous avons fait une série d'essais en des points voisins, mais se trouvant en des états différents de culture, d'humidité, etc.

Échantillon n° 90. — Endroit sec d'une prairie naturelle.
Perméabilité : **21.9.**

Échantillon n° 91. — Autre point de la même prairie, arrosé le matin, ressuyé depuis.
Perméabilité : **3.4.**

Échantillon n° 92. — Dans un chaume de blé voisin, non arrosé :
Perméabilité : **1.1.**

Échantillon n° 93. — Dans un champ de maïs voisin, on a fait un arrosage environ un mois auparavant : la terre est sèche :
Perméabilité : **3.8.**

Échantillon n° 94. — Même champ de maïs, en un point maintenu très humide par l'eau perdue des rigoles :
Perméabilité : **Presque nulle.**

On a effectué l'analyse physico-chimique de ces cinq échantillons. On a obtenu :

			TOTAL.	SILICEUX.	CALCAIRE.	DÉBRIS ORGANIQUES.
N° 90..	Sable....	grossier........	647.9	638.9	1.2	7.8
		fin............	284.4	279.6	4.8	"
	Argile..................		56.6	"	"	"
	Humus..........		3.6	"	"	"
N° 91..	Sable....	grossier........	625.7	620.4	2.1	3.2
		fin............	289.2	285.6	3.6	"
	Argile..................		74.3	"	"	"
	Humus..............		3.1	"	"	"
N° 92..	Sable....	grossier........	573.2	568.4	1.0	3.8
		fin............	351.1	346.4	4.7	"
	Argile..................		65.6	"	"	"
	Humus..............		2.8	"	"	"
N° 93..	Sable....	grossier........	629.1	624.4	0.8	3.9
		fin............	301.5	298.1	3.4	"
	Argile...............		62.7	"	"	"
	Humus..............		2.4	"	"	"
N° 94..	Sable....	grossier........	605.2	601.0	0.7	3.5
		fin............	310.4	307.0	3.4	"
	Argile...............		74.7	"	"	"
	Humus...............		2.2	"	"	"

L'analyse mécanique a donné les chiffres suivants pour le n° 90 :

N° 90..	Gravier..		1.20
	Sable....	grossier	8.49
		moyen	20.36
		fin	9.79
	Limon ...	sableux	18.50
		fin	19.48
		très fin	16.59
	Argile...		5.59

Par la méthode de laboratoire pour l'examen des propriétés physiques, on a obtenu :

		N° 90.	N° 91.	N° 92.	N° 93.	N° 94.
Densité...	réelle	2.64	2.66	2.65	2.65	2.67
	apparente	1.48	1.57	1.60	1.57	1.60
Porosité		43.90	41.00	39.60	40.70	40.10
Capacité..	pour l'eau en volume..	38.00	35.60	34.60	32.30	31.90
	pour l'air	5.90	5.40	5.00	8.40	8.20
	pour l'eau en poids...	25.70	22.70	21.60	20.60	33.30
Perméabilité.................		0.58	0.39	0.32	0.26	0.54

Tous ces échantillons ont la même constitution physique. La terre dont ils proviennent est un limon sableux, à éléments relativement grossiers. Aussi la perméabilité, sans être très élevée, est très sensiblement plus forte que celle des terres précédentes de Cugnaux et de Villeneuve-Tolosane.

Les essais effectués sur le terrain donnent, comme ceux du laboratoire, une perméabilité assez grande, mais ils indiquent des différences très grandes pour des points très voisins et sur un sol qui, par sa composition, reste identique à lui-même. C'est aux différents états culturaux du sol qu'il faut attribuer ces variations.

Le chiffre obtenu au point de prise n° 92 dans un chaume de blé peut être pris comme mesure de la perméabilité réelle et peut être comparé à ceux que nous avons obtenus en d'autres points. Nous avons en effet eu le soin, toutes les fois qu'il était possible, d'effectuer l'essai de perméabilité dans un chaume de blé, afin de prendre la terre dans un état cultural aussi constant que possible. Dans des prairies sèches, on obtient toujours des chiffres beaucoup plus élevés, comme le confirme l'essai n° 90. Dans la terre saturée d'eau par le sous-sol (n° 94), nous avons constaté au contraire une absorption de l'eau presque nulle. Nous voyons, par ce nouvel exemple, combien il faut attacher d'importance à opérer toujours sur des sols qui soient autant que possible dans le même état de culture.

ESSAIS EFFECTUÉS DANS LA HAUTE VALLÉE DE LA GARONNE.

Dans la haute vallée de la Garonne (pl. IV), à Fronsac, près de Saint-Béat, nous avons eu à examiner des terrains pour lesquels un projet d'arrosage est à l'étude.

Ces terrains sont également formés d'alluvions modernes de la Garonne. Celles-ci ont une constitution physique différente de celles que nous avons rencontrées dans la basse vallée. Elles ont la même origine, mais elles sont très rapprochées de la source. Elles proviennent surtout de la désagrégation des micaschistes et des schistes siluriens de la vallée de Luchon et du Val d'Aran. Ce sont des limons assez fins, bleuâtres, micacés, sans cailloux, constituant des terres légères, faciles à travailler et se ressuyant facilement après les pluies.

Échantillon n° 97. — Entre la halte de Fronsac et la dérivation de la Garonne pour le moulin de Fronsac (Haute-Garonne).

Dans un pré fauché, très sec, on a obtenu pour la mesure de la perméabilité : **1.9.**

Échantillon n° 98. — Dans un champ de sarrasin récemment semé la mesure de la perméabilité a donné : **5.0.**

Dans un champ de maïs voisin on a trouvé : **4.1.**

L'analyse physico-chimique de ces échantillons a donné :

			TOTAL.	SILICEUX.	CALCAIRE.	DÉBRIS ORGANIQUES.
N° 97..	Sable....	grossier	430.6	417.7	2.0	10.9
		fin	509.4	502.7	6.7	//
	Argile.................		35.8	//	//	//
	Humus		5.2	//	//	//
N° 98..	Sable....	grossier	428.9	418.5	1.9	8.5
		fin	508.5	504.4	4.1	//
	Argile.................		37.6	//	//	//
	Humus		4.1	//	//	//

L'analyse mécanique nous a donné :

N° 97..	Gravier		2.24
	Sable	grossier	5.12
		moyen	9.33
		fin	8.80
	Limon	sableux	15.99
		fin	28.83
		très fin	26.19
	Argile		3.50

Ces deux échantillons sont, au point de vue de leur constitution physique, tout à fait identiques. Ce sont des limons très peu argileux, riches en éléments très fins. Cependant la perméabilité constatée sur le terrain a été assez grande. Mais il faut remarquer que ces terres sont très notablement chargées de débris organiques, de racines, etc. D'autre part, ces terres sont très riches en mica, qui, par la lévigation, est entraîné avec les sables fins, dont il ne partage pas cependant les qualités d'imperméabilité.

L'examen de ces terres au laboratoire au point de vue physique a donné :

		N° 97.	N° 98.
Densité ..	réelle	2.63	2.68
	apparente	1.31	1.39
Porosité		50.20	48.10
Capacité..	pour l'eau en volume	42.60	40.10
	pour l'air	7.60	8.00
	pour l'eau en poids	32.50	28.80
Perméabilité		0.48	0.37

Nous pouvons regarder ces terres comme ayant assez de perméabilité pour que l'eau puisse, sans inconvénient, leur être apportée suivant la proportion usuelle.

Nous avons cru intéressant d'étendre nos observations à la vallée de la Pique, non pas en vue de l'arrosage, mais en vue du desséchement. Dans cette vallée, en effet, du fait de l'endiguement de la rivière et de l'exhaussement subséquent que subit graduellement son lit, des terrains fertiles à l'époque où la rivière divaguait naturellement se trouvent aujourd'hui en contrebas et sont transformés en marais. Les eaux des montagnes voisines, ne trouvant pas à s'écouler, sont devenues stagnantes.

Il apparaît tout de suite que cette stagnation des eaux n'est pas due à l'imperméabilité du sol puisqu'elle n'a pas été constatée de tout temps. C'est ce que nos essais ont confirmé.

Échantillon n° 99. — Bagnères-de-Luchon (Haute-Garonne). — À moitié chemin entre la station de Luchon et le village de Juzet-de-Luchon, dans un thalweg, sur la rive gauche de la Pique, entre le chemin de fer et le torrent.

Alluvions modernes provenant de la désagrégation des roches schisteuses ou primitives de la vallée de Luchon, terre noire bleuâtre, caillouteuse. Le sol a été exhaussé par des apports de boues de route, surtout formées de débris schisteux.

Parmi les plantes spontanées, beaucoup de plantes aquatiques (Luzules).

La perméabilité a été observée dans un champ semé en sarrasin. (Un orage violent avec pluie abondante avait éclaté la veille après une longue période de sécheresse.) On a trouvé : **8.5.**

Dans un pré fauché voisin, maintenu humide, on a trouvé : **1.0.**

La constitution physico-chimique est la suivante :

		TOTAL.	SILICEUX.	CALCAIRE.	DÉBRIS ORGANIQUES.
Sable....	grossier...............	419.7	362.9	44.1	12.7
	fin..................	508.3	458.5	49.8	"
Argile........................		47.1	"	"	"
Humus.................		6.4	"	"	"

Les propriétés physiques observées au laboratoire sont les suivantes :

Densité ..	réelle...	2.64
	apparente...	1.39
Porosité		47.30
Capacité..	pour l'eau en volume................................	41.30
	pour l'air...	6.00
	pour l'eau en poids................................	29.70
Perméabilité...		0.67

La terre de Bagnères-de-Luchon est une terre légère, assez riche en éléments fins. Sa perméabilité est assez grande pour qu'il n'y ait pas lieu d'attribuer a l'insuffisance de cette propriété la stagnation des eaux à sa surface.

Il n'y a donc pas lieu de la drainer d'une façon complète, mais simplement d'établir un réseau de fossés pour l'écoulement des eaux, qui y séjournent uniquement par le fait de sa situation topographique.

ESSAIS EFFECTUÉS EN 1906 DANS LA VALLÉE DE L'ARIÈGE.

Des projets de canaux d'irrigation sont à l'étude dans la vallée de l'Ariège. On élèverait les eaux de cette rivière en utilisant une partie de l'énergie électrique fournie par les chutes d'eau des Pyrénées.

En 1905, nous avions déjà tenté quelques essais dans cette région. Nous avions constaté qu'à côté de terrains très perméables, il en était d'autres qui ne se laissaient pour ainsi dire pas traverser par l'eau. En 1906, nous nous sommes rendus de nouveau aux environs de Pamiers dans le but de vérifier si le mode opératoire nouveau nous conduirait aux mêmes constatations.

L'Ariège, comme la Garonne, après s'être dégagé des derniers contreforts de la chaîne des Pyrénées, a creusé sa vallée dans les mollasses de l'Aquitanien. Puis, il y a déposé des alluvions disposées en une série de terrasses étagées.

A Pamiers, par exemple, on trouve au-dessus des alluvions actuelles, couvertes de prairies, où coule l'Ariège, trois terrasses d'alluvions anciennes.

Les alluvions actuelles (a^2 de la carte géologique) sont des terres sableuses, riches en mica. Elles sont à peine au-dessus du niveau du lit de l'Ariège et sont le plus souvent couvertes de prairies naturelles irriguées, ombragées de peupliers.

Cette basse plaine n'a jamais une largeur dépassant 1 kilomètre. Elle est dominée d'une dizaine de mètres par une terrasse d'alluvions plus anciennes, que la carte géologique distingue sous la notation a^{1e}, et qui ont donné des terres graveleuses, très caillouteuses, appelées *grausses*. Cette formation a en moyenne 3 kilomètres de largeur. Elle est dominée elle-même par une seconde terrasse a^{1d} d'alluvions pléistocènes, qui ont une physionomie bien différente. Ce sont des *boulbènes blanches* battantes tout à fait semblables à celles qui forment la terrasse a^{1e} dans la vallée de la Garonne aux environs de Montech. Le sous-sol de la boulbène est généralement à faible profondeur, à 25 ou 30 centimètres, et il est constitué par des cailloux friables quartzeux et granitiques, agglutinés par un ciment ferrugineux. Les gens du pays l'appellent tartiir, et il paraît imperméable. Le sous-sol de la grausse, au contraire, est formé de gros galets, granitiques également, mais très durs, et séparés par du gros sable et du gravier très perméable.

Nous avons effectué les essais suivants dans la région de Pamiers :

Échantillon n° 100. — Pamiers (Ariège), à 100 mètres à l'est du Mas Saint-Antonin, sur le bord (rive gauche) d'un petit bras de l'Ariège.

Alluvions modernes de la basse plaine de l'Ariège, sol sableux, peu argileux jusqu'à 40 centimètres, au-dessous, sable micacé plus pur, terre très légère se ressuyant très rapidement.

On a effectué la mesure de la perméabilité dans un pré fauché irrigué, arrosé huit jours avant. On a trouvé : **14.6.**

Échantillon n° 101. — Autre point de la même prairie. Endroit plus élevé, terrain paraissant plus argileux, avec de gros galets qui deviennent très abondants à 0 m. 30 de profondeur.

La perméabilité a été trouvée égale à : **2.1.**

Échantillon n° 102. — Le point de prise est à 200 mètres des deux précédents, près du lit principal de l'Ariège.

Terre sableuse micacée, avec quelques galets granitiques jusqu'à 38 ou 40 centimètres, au-dessous très gros sable avec galets granitiques, terre se ressuyant bien, très facile à travailler.

Dans un chaume de maïs labouré, on a trouvé : **31.4.**

L'analyse physico-chimique de ces échantillons a donné la constitution suivante :

			TOTAL.	SILICEUX.	CALCAIRE.	DÉBRIS ORGANIQUES.
N° 100.	Sable....	grossier........	661.3	641.1	3.9	16.3
		fin...........	272.2	266.9	5.3	//
	Argile...............		37.1	//	//	//
	Humus..............		8.0	//	//	//
N° 101.	Sable....	grossier........	423.2	416.5	2.0	4.7
		fin...........	497.7	490.5	7.2	//
	Argile...............		46.1	//	//	//
	Humus..............		7.7	//	//	//
N° 102.	Sable....	grossier........	619.5	612.3	2.6	4.6
		fin...........	331.9	322.0	9.9	//
	Argile...............		31.3	//	//	//
	Humus..............		6.8	//	//	//

L'analyse mécanique des mêmes échantillons nous a fourni les chiffres suivants :

		N° 100.	N° 101.	N° 102.
Gravier		2.06	2.09	4.60
Sable....	grossier	4.56	7.97	7.94
	moyen	15.59	14.40	13.51
	fin	21.80	5.77	13.21
Limon...	sableux	25.20	17.03	21.49
	fin	16.48	26.62	18.66
	très fin	10.68	21.61	17.60
Argile		3.63	4.51	2.99

L'examen des propriétés physiques au laboratoire a donné :

		N° 100.	N° 101.	N° 102.
Densité ..	réelle	2.52	2.66	2.62
	apparente	1.15	1.19	1.30
Porosité		54.40	55.30	50.40
Capacité..	pour l'eau en volume	28.60	37.80	36.10
	pour l'air	25.40	17.50	14.30
	pour l'eau en poids	24.90	31.80	27.80
Perméabilité		7.67	6.41	2.33

Les terres du fond de la vallée de l'Ariège sont, comme le montrent les chiffres précédents, constituées par des sables à éléments grossiers, peu argileux. Leur perméabilité est considérable : elles se laissent traverser, avec une grande facilité, par l'eau et en même temps elles se ressuient rapidement, en restant toujours bien aérées. La capacité pour l'air a en effet une valeur très élevée, incomparablement plus grande que celle que les terres de la vallée de la Garonne nous ont toujours donnée.

Dans les terres de grausse, nous avons effectué l'essai suivant :

Échantillon n° 103. — Hameau de Sourrives, commune de Verniolle (Ariège), près du chemin de Pamiers, à la sortie du village.

Alluvions modernes appartenant à la terrasse a^{1c}, à 15 mètres au-dessus du niveau du lit de l'Ariège. Terre graveleuse avec de gros galets, reposant, à 0 m. 50 de profondeur, sur un sous-sol formé de galets granitiques énormes, séparés par un gros gravier. Terre facile à travailler, se trouvant, au moment de l'essai, dans un état de grande siccité.

Dans un chaume de céréales, la perméabilité était : **26.5.**

La constitution physico-chimique de cette terre est la suivante :

		TOTAL.	SILICEUX.	CALCAIRE.	DÉBRIS ORGANIQUES.
Sable....	grossier	517.8	513.7	0.5	3.6
	fin	391.0	384.9	6.1	"
Argile		66.9	"	"	"
Humus		8.3	"	"	"

L'analyse mécanique a donné :

Gravier		13.81
Sable....	grossier	18.87
	moyen	11.18
	fin	4.74

Limon . . .	sableux	8.28
	fin	15.17
	très fin	22.18
Argile		5.77

L'examen des propriétés physiques nous a fourni les chiffres suivants :

Densité . .	réelle	2.58
	apparente	1.49
Porosité		42.20
Capacité . .	pour l'eau en volume	29.20
	pour l'air	13.00
	pour l'eau en poids	19.60
Perméabilité		0.89

Cette terre est peu argileuse, constituée par des sables à grains grossiers. Sa perméabilité est moins grande que celle des sables du fond de la vallée de l'Ariège, mais elle est encore considérable.

De même sa capacité pour l'air a une valeur élevée. En somme cette terre permet l'infiltration rapide de l'eau qui est amenée à sa surface et se ressuie vite et bien.

Tout autres sont la constitution et les propriétés physiques des boulbènes. Nous y avons effectué l'essai suivant :

Échantillon n° 104. — Las Rives, commune de Verniolle (Ariège), à 100 mètres au sud de cette métairie, sur la rive gauche du Crieux.

Alluvions anciennes appartenant à la terrasse inférieure des alluvions pléistocènes a^{1d}.

Limon blanc jaunâtre, sans cailloux, très fin, boulbène blanche battante, durcissant peu et ne se crevassant pas par la sécheresse.

Dans une jachère, la mesure de la perméabilité a donné : Moins de **0.0**.

La constitution physique de cette terre est la suivante :

		TOTAL.	SILICEUX.	CALCAIRE.	DÉBRIS ORGANIQUES.
Sable	grossier	273.6	269.0	3.1	1.5
	fin	617.4	600.7	16.7	//
Argile		67.9	//	//	//
Humus		5.0	//	//	//

L'analyse mécanique a donné :

Gravier		1.43
Sable	grossier	3.34
	moyen	3.79
	fin	2.76
Limon . . .	sableux	16.52
	fin	44.89
	très fin	20.58
Argile		6.69

Les propriétés physiques constatées au laboratoire sont :

Densité . .	réelle	2.66
	apparente	1.57
Porosité		41.00

Capacité..	pour l'eau en volume..........................	37.60
	pour l'air	3.40
	pour l'eau en poids..........................	23.90
Perméabilité....................................		0.20

Ces chiffres nous rappellent ceux que nous avons obtenus avec les boulbènes de la vallée de la Garonne, notamment celles du plateau de Montech. Nous sommes en présence de limons siliceux, à éléments extrêmement fins, mais très peu argileux. On peut les considérer comme le type des boulbènes battantes. Nous avons déjà insisté sur les propriétés de ces terres et sur leur faible aptitude à utiliser l'eau d'arrosage. Elles s'opposent d'une façon presque complète à l'infiltration de l'eau, qui coule à leur surface sans les humecter.

D'autre part, les grains siliceux non agrégés par un ciment argileux ne laissent entre eux que des espaces vides très réduits. La porosité est faible. Ces interstices sont remplis à peu près entièrement par l'eau lorsque la terre est mouillée. La capacité pour l'air est en effet très petite. Aussi, ces terres sont-elles asphyxiantes dès qu'elles reçoivent de l'eau en excès.

A Las Rives la terrasse de boulbènes est entaillée par le Crieux, torrent impétueux l'hiver, à sec en été, qui a déposé des alluvions de nature bien différente, que la carte géologique désigne sous la notation $a^1 a^2$, mélange de matériaux arrachés aux Petites Pyrénées et d'alluvions anciennes remaniées. L'essai suivant a été effectué dans cette formation :

Échantillon n° 105. — Las Rives, commune de Verniolle (Ariège), à 150 mètres au N. E. de cette métairie, sur la rive droite du Crieux.

Limon jaunâtre, un peu argileux, contenant quelques cailloux et quelques débris marneux, terre facile à travailler, non battante. La perméabilité constatée a été : **17.8**.

La constitution physico-chimique et mécanique de cette terre est donnée par les chiffres suivants :

ANALYSE PHYSICO-CHIMIQUE.

		TOTAL.	SILICEUX.	CALCAIRE.	DÉBRIS ORGANIQUES.
Sable....	grossier	442.9	421.1	19.5	2.3
	fin	407.5	375.4	32.1	//
Argile...........................		134.0	//	//	//
Humus...........................		15.2	//	//	//

ANALYSE MÉCANIQUE.

Gravier		4.09
Sable....	grossier................................	7.74
	moyen.................................	7.40
	fin......................................	4.54
Limon ...	sableux..............................	15.78
	fin......................................	30.20
	très fin...............................	17.40
Argile...		12.85

On voit que cette terre diffère nettement des boulbènes environnantes. Elle contient une proportion d'argile notable associée à des sables dont les éléments sont beaucoup moins ténus. Elle renferme une proportion de calcaire plus élevée que celle que présentent les alluvions anciennes décalcifiées, ou les alluvions récentes du fond de la vallée de l'Ariège, qui tirent leur origine des Grandes Pyrénées. En somme, elle a la constitution d'une terre « franche », où les proportions de sable grossier, de sable fin et d'argile s'équilibrent de façon à former un tout suffisamment meuble et suffisamment plastique, suffisamment poreux et perméable. L'examen des propriétés physiques au laboratoire a donné des résultats qui confirment ces conclusions, en même temps que les observations faites sur le terrain.

Densité .. {	réelle	2.60
	apparente	1.51
Porosité....................................		41.90
Capacité.. {	pour l'eau en volume.........................	32.50
	pour l'air...............................	9.40
	pour l'eau en poids.........................	21.50
Perméabilité................................		1.87

En résumé, nous avons constaté dans la vallée de l'Ariège des terrains qui présentent dans leur constitution physique et dans leurs propriétés des différences bien tranchées. Ils correspondent exactement aux diverses formations géologiques qui occupent la vallée.

Les alluvions actuelles de l'Ariège, qui ne s'étendent jamais à plus de 1 kilomètre de la rivière, sont des graviers ou des sables très perméables.

Les alluvions modernes a^{1c} couvrent des surfaces plus considérables, puisqu'elles constituent, sur la rive droite, une terrasse dont la largeur dépasse 3 kilomètres. Elles forment les *grausses*, terres graveleuses, très caillouteuses et très perméables. Enfin les alluvions anciennes a^{1d} occupent une grande plaine, entre la formation précédente et le lit de l'Hers, sur une largeur qui atteint 8 kilomètres. Elles ont formé les *boulbènes*, limons siliceux, non argileux, mais très ténus, dont la perméabilité est extrêmement réduite.

Nous pouvons affirmer, dès maintenant, que ces derniers terrains seraient peu aptes à utiliser l'eau d'arrosage. L'irrigation qui y serait pratiquée selon les méthodes ordinaires y conduirait certainement aux insuccès qui ont été constatés sur les terres de même nature, qui forment une partie du périmètre du canal de Saint-Martory. Aussi nous ne pensons pas qu'il soit à conseiller de les comprendre dans un projet de canal d'arrosage. Il ne faudrait, dans tous les cas, n'y amener l'eau qu'avec une extrême prudence, mesurer parcimonieusement les volumes à distribuer et ménager des colatures établies avec le plus grand soin.

Dans les autres terres de la vallée de l'Ariège, on peut prédire au contraire un succès certain aux arrosages qui y seraient tentés. Dans les sables du bord de l'Ariège, l'irrigation des prairies est déjà pratiquée très fructueusement. Les *grausses* nous paraissent également de nature à tirer le meilleur parti de l'eau d'arrosage qui leur serait donnée. La perméabilité est largement suffisante et se prêterait à des arrosages copieux.

ESSAIS EFFECTUÉS EN 1906 DANS LA PLAINE DU FOREZ.

Les études sur place ont été faites par M. Albert Michel-Lévy, à notre demande et par les procédés que nous lui avons indiqués. Dans cette région, l'Administration de l'Hydraulique et des Améliorations agricoles étudie un projet de canal d'irrigation qui détournerait, vers la Fouillouse, les eaux du Furens, pour les conduire par les hauteurs dans la Loire, en amont de Saint-Galmier. Le périmètre arrosable est compris au Sud de la plaine du Forez dans l'angle qui forme le confluent de la Loire et de la Coise et qui est d'une étendue d'environ 5,000 hectares (pl. V).

Dans ce périmètre, le sous-sol est constitué par des dépôts tertiaires et recouvert par des alluvions. Celles-ci forment d'abord une terrasse supérieure d'alluvions anciennes, ayant donné des terres que l'on désigne sous le nom de *varennes*, très argileuses, contenant une forte proportion de galets et de cailloutis, puis constituant la basse plaine de la Loire des alluvions modernes, généralement plus légères, ayant donné des terres, les unes fortes, appelées *luttons*; les autres plus sableuses, appelées *chambons*.

Cette division, adoptée par la pratique, d'après l'observation de la nature des terres, correspond à des différences très notables dans le degré de perméabilité. C'est en effet ce qu'ont montré les mesures effectuées sur place par M. Michel-Lévy, ainsi que les analyses et l'essai des terres au laboratoire.

Voici le détail de ces observations :

Échantillon n° 41. — Domaine du Port, à l'ouest de Cuzieu, à 200 mètres de la Loire, à 50 mètres à l'est des maisons.

L'échantillon représente la couche arable d'une épaisseur de 20 centimètres.

Terrasse inférieure à peu près horizontale des alluvions de la vallée. Alluvions fines très remaniées, reposant sur marnes et sables aquitaniens m'^c. Terre argileuse (grasse), contenant une faible proportion de grains de quartz bipyramidal, de feldspaths et quelques micas, quelques galets très rares (quartz, r. granitoïdes, basalte), appelée *lutton* par les paysans, racines abondantes. 200 à 220 hectares sont représentés par ce terrain. Terre assez forte quand elle est humide, se craquelle par la sécheresse en devenant très dure.

La perméabilité, mesurée dans un champ de maïs fraîchement récolté, a été trouvée égale à 1.6.

Dans un pré de 2 ans, à 30 mètres de là on a trouvé : 1.6.

Échantillon n° 42. — Sous-sol du précédent ayant une épaisseur de 2 mètres. L'échantillon a été pris sur les 70 premiers centimètres. Terre argileuse avec sable très fin de quartz, feldspaths, micas, en mélange.

Échantillon n° 43. — Ferme de Prépieux (N. O. de Cuzieu, à 200 mètres de la Loire).

L'échantillon représente la couche arable d'une épaisseur de 20 centimètres.

Étage inférieur horizontal des alluvions de la vallée près de la Loire, alluvions anciennes fines sur l'Aquitanien (argileux et sableux).

Lutton, terre argileuse, mélangée de sable très fin (quartz bipyramidal, feldspath, un peu de mica), quelques galets, roches granitoïdes plus ou moins décomposées, basaltes, phonolites, terre forte se craquelant par la sécheresse.

La perméabilité observée dans un champ de blé fraîchement labouré et fumé a été : **1.0**.

Échantillon n° 44. — Sous-sol du précédent ayant 1 à 2 mètres d'épaisseur.

Échantillon n° 45. — Ferme de Prépieux, à 100 mètres à l'ouest de la ferme, à 100 mètres de la Loire. Couche arable.

Région légèrement mamelonnée à 1 ou 2 mètres au-dessous de la région des *luttons* de Prépieux. Niveau d'alluvions immédiatement supérieur aux apports actuels de la Loire (à 1 ou 2 mètres au-dessus du fleuve), reposant sur l'Aquitanien.

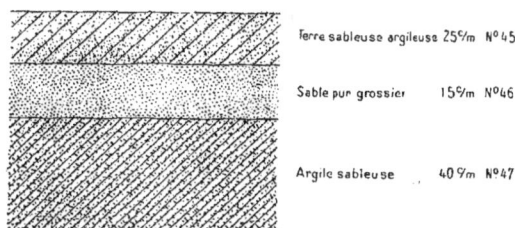

Terre sableuse argileuse 25%/m N° 45

Sable pur grossier 15%/m N° 46

Argile sableuse 40%/m N° 47

Fig. 6.

Chambon, terre sableuse, assez argileuse (proportion d'argile et d'humus très irrégulière), quelques rares galets de quartz, roches granitoïdes, basaltes. Terre légère, très meuble, froide l'hiver, chaude l'été.

Dans un chaume de seigle, cultivé en raves (*chambon fort*), on a trouvé pour la mesure de la perméabilité : **4.4.**

Dans un champ de pommes de terre (*chambon léger*), on a trouvé : **21.**

Un autre essai dans le même champ a donné : **54.**

Échantillon n° 46. — Sous-sol du précédent, première couche de 25 à 40 centimètres. Sable grossier (quartz, feldspath).

Échantillon n° 47. — Sous-sol du n° 45, deuxième couche entre 40 et 80 centimètres. Argile sableuse ayant 1 à 2 mètres d'épaisseur.

Échantillon n° 48. — La Grande-Plague, à 20 mètres au sud des maisons, couche arable.

Plateau supérieur horizontal à 32 mètres au-dessus de la Loire, recouvert d'alluvions anciennes dues aux rivières descendant des monts du Lyonnais, mélange de galets de roches anciennes et d'argiles maigres plastiques du Tongrien sur l'Aquitanien en place (sable et argile) à 2 ou 3 mètres.

Varenne, sable et galets avec plus ou moins d'argile, défoncée il y a 20 ans à 50 centimètres de profondeur, galets de quartz, roches porphyroïdes, généralement très décomposées et occupant 1/10 du volume total. Terre meuble en surface, mouilleuse après des pluies prolongées, sous-sol argileux et imperméable. La nappe d'eau est à 8 mètres dans un banc de sable.

La perméabilité a été mesurée dans un chaume d'avoine (*varenne* assez forte). On a trouvé : **9.0.**

Dans un chaume de blé semé en trèfle (*varenne* ordinaire), on a obtenu : **18.7.**

Échantillon n° 49. — Sous-sol du n° 48, ayant 1 à 2 mètres d'épaisseur.

Galets en décomposition avancée, agglomérés par une argile verte plastique formant un tout humide et imperméable.

Échantillon n° 50. — Terre de Rabat, à 150 mètres de Rivas, sur la route de Ceizieu, couche arable ayant une épaisseur de 50 centimètres.

Butte très faible (50 centim. à 1 mètre) dans une région horizontale, alluvions modernes reposant sur l'Aquitanien, nappe d'eau de la Loire à 3 mètres.

Chambon léger, terre sableuse, assez faible en argile, galets abondants (quartz, basaltes, porphyrites). Terre légère, facile à travailler.

Dans un champ labouré (*chambon* léger), on a trouvé pour la mesure de la perméabilité : **14.3.**

Dans un champ de betteraves, à 200 mètres au S.E., sur les terres de Beaulieu (*chambon* plus fort, plus argileux), on a trouvé : **7.3.**

Échantillon n° 51. — Sous-sol du n° 50, de 50 à 80 centimètres,

Terre sableuse, bien plus argileuse que le n° 50, galets abondants, 3 mètres environ d'épaisseur.

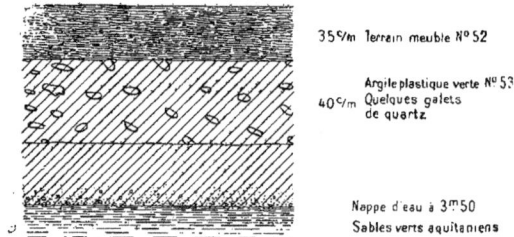

35 c/m Terrain meuble N° 52

Argile plastique verte N° 53
40 c/m Quelques galets de quartz

Nappe d'eau à 3m50
Sables verts aquitaniens

Fig. 7.

Échantillon n° 52. — La Tallodière, au sud de Saint-Galmier. Couche arable.

Limite est de la région haute d'alluvions horizontales, au pied des premiers contreforts granitiques des monts du Lyonnais, à 32 mètres au-dessus de la Loire.

Argiles tongriennes remaniées par les torrents descendant des monts du Lyonnais, sur marnes et sables aquitaniens.

Varenne caillouteuse, sableuse et argileuse; assez légère et meuble par la sécheresse, plus forte et gluante par temps humide.

Dans un chaume de blé semé en raves, l'examen de la perméabilité a donné **12.0.**

Dans un pâturage de 10 ans, très sec, à 10 mètres de là, on a trouvé : **12.0**

Échantillon n° 53. — Sous-sol du n° 52, de 0 m. 35 à 0 m. 70. Terre très argileuse (argile plastique verte), quelques galets, surtout de quartz.

Échantillon n° 54. — Le Gervais, triangle de routes au N. de Veauche. Couche arable. Bordure occidentale du plateau à peu près horizontal des alluvions anciennes, à Veauche, falaise de 30 mètres au pied de laquelle la Loire affouille.

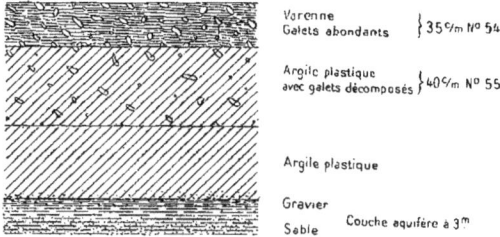

Varenne
Galets abondants } 35 c/m N° 54

Argile plastique
avec galets décomposés } 40 c/m N° 55

Argile plastique

Gravier
Sable   Couche aquifère à 3 m

Fig. 8.

Alluvions anciennes : argiles plastiques tongriennes, remaniées sur l'Aquitanien (marnes, sables, grès).

Varenne caillouteuse et argileuse, assez meuble par la sécheresse, très compacte par l'humidité.

Dans un champ labouré après blé (varenne assez forte), on a trouvé pour la mesure de la perméabilité : **2.1.**

Dans un pâturage de 15 ans, à 10 mètres de là : **6.0.**

Échantillon n° 55. — Sous-sol du n° 54. Argile plastique compacte, quelques galets décomposés, maigre imperméable, 2 à 3 mètres d'épaisseur.

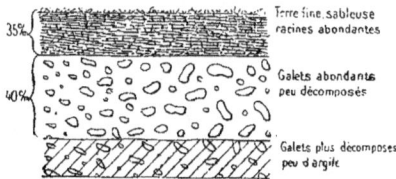

35%   Terre fine, sableuse
racines abondantes

40%   Galets abondants
peu décomposés

Galets plus décomposés
peu d'argile

Fig. 9.

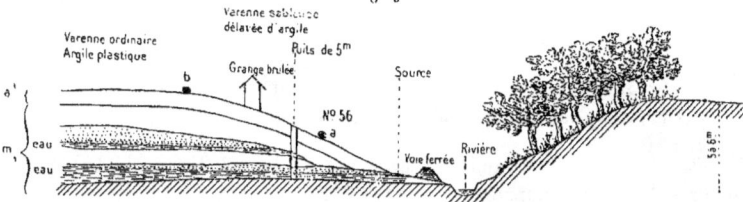

Varenne sableuse
délavée d'argile

Varenne ordinaire
Argile plastique   Puits de 5 m

Grange brûlée   Source

N° 56

eau   Voie ferrée   Rivière

eau

Fig. 10.

Échantillon n° 56. — Grange brûlée, château de Joursay, à 30 mètres de la voie ferrée. Couche arable.

Sur la bordure d'un petit vallon N. S. qui va rejoindre la Coize et qui s'approfondit de 5 à 10 mètres. Le terrain est en pente de 10 à 20 p. 100 vers l'Est. Alluvions et éboulis accumulés sur les pentes. Le ruisseau coule sur les marnes aquitaniennes.

6.

Terre sableuse, beaucoup de racines; quelques hectares le long du ruisseau de Joursey sont formés du même terrain. Pâturage au moins centenaire. Autrefois la surface devait être boisée (racines décomposées en profondeur).

Dans ce pâturage, en *a*, la perméabilité a été : **102**.

Dans un champ de blé retourné et fraîchement fumé, en *b* (varenne forte), on a trouvé : **7.4**.

Échantillon n° 57. — Sous-sol du n° 56, de 0 m. 35 à 0 m. 75. Terre caillouteuse et sableuse, galets très abondants, peu décomposés à 0 m. 40, très décomposés à 0 m. 75. Accumulation d'éboulis et d'alluvions délavées sur la pente.

Échantillon n° 58. — Domaine du Pied de Vache, sur le chemin de Saint-Laurent à Saint-Bonnet. Couche arable.

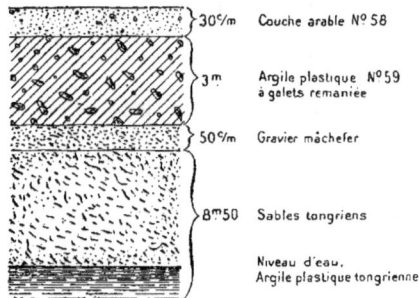

Fig. 11.

Bordure orientale des alluvions horizontales supérieures au voisinage de la faille et des monts du Lyonnais. Argile plastique tongrienne remaniée avec galets sur sables tongriens.

Terre argileuse à galets et un peu sableuse, *varenne assez forte*, argiles maigres, très dures par la sécheresse, gluantes par l'humidité.

La perméabilité a été observée :

1° Dans une terre à blé fraîchement labourée : **2.0**.

2° Dans un pâturage ancien, à 20 mètres de 1° : **45**.

Échantillon n° 59. — Sous-sol du n° 58, de 30 à 70 centimètres. Terre très argileuse (argile maigre plastique avec galets décomposés).

Échantillon n° 60. — Aux Grands-Champs, au Sud de Veauche, angle de la route de Saint-Laurent et route nationale.

Bordure occidentale du plateau supérieur des alluvions anciennes, argiles tongriennes remaniées sur Aquitanien.

Varenne argileuse, à galets très abondants, surtout des galets de quartz, assez dure par la sécheresse, gluante par l'humidité.

La perméabilité, mesurée dans un champ labouré après récolte de blé (varenne forte et caillouteuse), a été : **2.2**.

Dans un pâturage de 25 ans, très sec, à 10 mètres de là on a trouvé : **57**.

Échantillon n° 61. — Sous-sol du n° 60, de 25 à 80 centimètres. Terre argileuse à galets décomposés abondants ayant une épaisseur de 2 à 3 mètres.

Échantillon n° 62. — Les Granges (chemin de Veauche à Saint-Bonnet).

Plateau supérieur horizontal des alluvions anciennes. Argiles plastiques tongriennes, remaniées sur les sables tongriens en place.

Varenne très argileuse, mi-caillouteuse et sableuse (on épierre tous les ans et on vend pour la verrerie les galets de quartz). Assez dure par la sécheresse, gluante par l'humidité.

La perméabilité observée dans un chaume de blé labouré (varenne assez forte) a été : **4.7.**

Dans un pâturage très ancien, à 10 mètres de là, on a trouvé : **20.**

Échantillon n° 63. — Sous-sol du n° 62, de 25 à 80 centimètres. Terre argileuse avec galets décomposés, imperméable, ayant 2 mètres d'épaisseur.

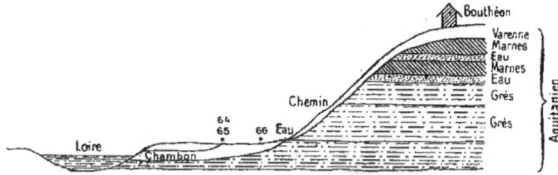

Fig. 12.

Échantillon n° 64. — En bas et au S. O. de Bouthéon (à droite du chemin d'Andrézieux). Couche arable.

Plaine alluviale horizontale inférieure (au niveau de la Loire actuelle). Alluvions fines plus ou moins récentes sur des graviers, le tout sur des grès, sables et marnes aquitaniens.

Chambon mi-sableux, mi-argileux, contenant des grains de quartz bipyramidal de feldspaths, quelques micas.

Terre assez légère et facile à travailler. Cultures plus vertes et plus belles que partout ailleurs par la sécheresse extrême, à cause de la proximité du plan d'eau, qui est à 1 ou 2 mètres et l'imbibition du sol par les eaux provenant de la base de la falaise aquitanienne de Bouthéon.

Dans un chaume de blé fraîchement labouré (chambon ordinaire), la perméabilité a été : **28.0.**

Échantillon n° 65. — Sous-sol du n° 64, de 15 à 80 centimètres. Terre mi-argileuse (grasse), mi-sableuse. Morceaux de verre basaltique (trachytite), assez abondants, ayant 1 mètre d'épaisseur.

Échantillon n° 66. — En bas et au S. O. de Bouthéon, à droite du chemin d'Andrézieux, plus près du pied de la falaise aquitanienne que 64, dans un endroit plus humide. Couche arable.

Plaine alluviale inférieure. Il y a même le long et au pied de la falaise une légère dépression qui représente un ancien lit de la Loire non complètement comblé. Alluvions modernes fines sur les grès de la base de l'Aquitanien.

Terre mi-sableuse, mi-argileuse, assez légère et facile à travailler. Cultures très vertes malgré le manque de pluies. Il y a une nappe d'eau à 1 ou 2 mètres et le sol est imbibé par les eaux descendant de la falaise de Bouthéon.

Dans un champ de citrouilles (*chambon* assez fort), la perméabilité est : **19.6.**

Échantillon n° 67. — Terre de la Bigue, au bas et au N. O. de Bourgée froide, sur la droite du chemin de Ceizieu à Rivas. Couche arable.

Dépression dans la plaine inférieure d'alluvions, au pied du plateau de Ceizieu (ancienne divagation de la Loire). Alluvions modernes sur gravier, le tout sur aquitanien inférieur.

Lutton argileux, un peu sableux, terre assez forte, en mottes dures par la sécheresse.

La perméabilité a été observée dans un chaume de blé semé en raves. On a trouvé : **0.9.**

A 200 mètres à l'est, on a fait une observation de perméabilité sur la terre de Hajas (varenne profonde de 2 mètres, sans argile plastique au fond). On a trouvé : **6.**

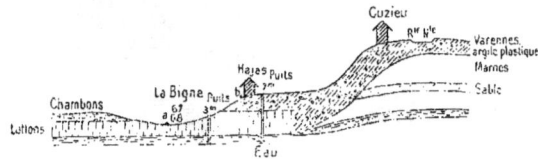

Fig. 13.

Échantillon n° 68. — Sous-sol du n° 67, de 20 à 80 centimètres. Terre très fine et argileuse (grasse) de 1 à 2 mètres d'épaisseur.

Échantillon n° 69. — Le Barolet, à droite de la route nationale d'Andrézieux à Saint-Étienne, entre le passage à niveau et la Gourgonnière. Couche arable, défoncée sur 0 m. 50.

Cailloutis des hautes terrasses (à galets de quartz) sur le Tongrien. *Varenne* très caillouteuse, les trois quarts en galets; grande prédominance de galets de quartz (petits) exploités pour la verrerie, la fabrication de la terre réfractaire, défoncement à 50 centimètres pour cette exploitation.

Dans un champ de seigle, à 50 mètres de la route (varenne caillouteuse), la perméabilité était : **20.**

Dans un pâturage au moins centenaire, très sec (varenne caillouteuse), on a trouvé : **29.**

Échantillon n° 70. — Sous-sol du n° 69, de 50 à 80 centimètres. Argile plastique verte et galets plus ou moins décomposés, 2 mètres environ d'épaisseur.

Échantillon n° 71. — A 300 mètres au nord d'Andrézieux, à 100 mètres de la Loire. Terre arable.

Alluvions modernes fines sur Tongrien, à 2 mètres au-dessus de la Loire. *Chambon* ordinaire avec quelques rares galets, sable fin (quartz, feldspath, mica, verre de basalte ou trachytite). Terre assez légère, un peu en mottes par la sécheresse.

La perméabilité a été mesurée dans une terre à blé fraîchement labourée (chambou) : **5.0.**

Dans un pâturage vieux et sec, très dur à pénétrer au cylindre (racines serrées et profondes) : **1.0.**

Échantillon n° 72. — Sous-sol du n° 71, de 70 à 80 centimètres. Sable assez grossier.

Les divers échantillons dont on vient de voir la description détaillée appartiennent à des terrains dont les différences agrologiques sont bien accentuées. D'après leur constitution physique, ils se classent également en catégories bien distinctes.

L'analyse physico-chimique a donné les résultats suivants :

ORIGINE DES ÉCHANTILLONS.		NUMÉROS DES ÉCHANTILLONS.	SABLE GROSSIER.			SABLE FIN.			ARGILE.	HUMUS.
			TOTAL.	SILICEUX.	CALCAIRE.	TOTAL.	SILICEUX.	CALCAIRE.		
Lutton...	Sol......	41	484.1	476.1	3.1	336.4	326.1	10.3	144.4	2.2
	Sous-sol..	42	289.2	284.7	2.8	331.5	318.6	12.9	358.3	"
Idem.....	Sol	43	438.9	434.0	2.1	384.1	377.2	6.9	159.9	0.3
	Sous-sol..	44	212.2	209.2	1.9	402.2	389.0	13.2	356.0	1.9
Chambon.	Sol	45	806.8	797.4	1.7	145.3	140.9	4.4	44.3	1.3
	Sous-sol..	46	872.6	864.8	3.7	99.7	97.2	2.5	29.7	"
	Idem.....	47	654.3	644.9	3.7	261.3	254.7	6.6	64.0	1.8
Varenne..	Sol	48	369.8	367.9	0.3	252.5	245.5	7.0	352.5	0.4
	Sous-sol..	49	364.8	363.2	0.5	247.4	240.9	6.5	368.0	"
Chambon.	Sol	50	746.3	740.5	0.3	211.1	208.0	3.1	36.8	2.8
	Sous-sol..	51	690.8	688.6	0.5	229.9	226.1	3.8	70.2	6.4
Varenne..	Sol	52	741.5	738.7	0.4	215.4	212.9	2.5	39.0	3.5
	Sous-sol..	53	216.6	216.3	0.3	219.7	211.5	8.2	535.4	1.6
Idem.....	Sol	54	757.8	754.8	0.5	197.7	196.0	1.7	36.8	2.2
	Sous-sol..	55	346.3	344.8	0.2	207.5	201.4	6.1	394.7	1.2
Varenne délavée.	Sol	56	587.3	583.4	0.6	339.7	335.5	4.2	44.1	14.1
	Sous-sol..	57	604.4	599.4	0.6	282.9	279.6	3.3	104.3	2.6
Varenne..	Sol	58	496.7	492.6	0.7	275.1	270.6	4.5	211.9	6.4
	Sous-sol..	59	274.7	272.7	0.1	231.5	224.7	6.8	472.2	3.0
Idem.....	Sol	60	664.0	660.0	0.2	262.0	259.0	3.0	62.9	6.8
	Sous-sol..	61	411.4	408.8	0.1	179.3	174.9	4.4	387.5	1.9
Idem.....	Sol	62	687.6	683.7	0.1	231.7	229.6	2.1	67.0	5.5
	Sous-sol..	63	338.4	337.3	0.2	104.6	100.6	4.0	521.8	3.7
Chambon.	Sol	64	803.7	795.1	4.0	142.9	137.4	5.5	43.3	2.2
	Sous-sol..	65	663.1	657.3	3.6	211.0	206.7	4.3	92.4	0.7
Idem.....	Sol	66	742.7	733.8	3.7	171.4	168.7	2.7	73.3	1.8
Lutton...	Idem.....	67	576.0	572.8	2.5	244.0	239.6	4.4	155.7	3.8
	Sous-sol..	68	523.2	519.4	3.2	261.6	254.1	7.5	191.7	1.5

ORIGINE DES ÉCHANTILLONS.	NUMÉROS DES ÉCHANTILLONS.	SABLE GROSSIER.			SABLE FIN.			ARGILE.	HUMUS.
		TOTAL.	SILICEUX.	CALCAIRE.	TOTAL.	SILICEUX.	CALCAIRE.		
Varenne.. { Sol.....	69	279.1	276.2	0.3	335.5	333.1	2.4	348.5	0.9
{ Sous-sol..	70	388.5	386.0	0.3	426.0	425.2	0.8	154.7	7.3
Chambon. { Sol.....	71	705.7	688.4	4.6	231.9	223.2	8.7	43.9	2.8
{ Sous-sol..	72	949.1	933.0	4.5	32.8	31.5	1.3	11.6	0.5

L'analyse mécanique a donné les résultats suivants :

ORIGINE DES ÉCHANTILLONS.	NUMÉROS DES ÉCHANTILLONS.	GRAVIER.	SABLE			LIMON			ARGILE.
			GROSSIER.	MOYEN.	FIN.	SABLEUX.	FIN.	TRÈS FIN.	
Lutton... { Sol......	41	4.14	15.37	13.91	6.08	10.53	16.49	19.64	13.84
{ Sous-sol...	42	1.21	7.20	10.48	2.56	10.91	24.93	7.31	35.40
Idem..... { Sol......	43	3.96	10.40	11.46	5.76	11.67	20.96	20.43	15.36
{ Sous-sol...	44	1.06	9.13	14.71	2.02	10.04	20.77	7.05	35.22
Chambon. { Sol......	45	3.54	26.97	34.55	10.44	8.82	6.37	5.04	4.27
{ Sous-sol...	46	0.76	51.17	34.40	6.18	2.82	0.98	0.75	2.95
{ Idem......	47	0.23	5.12	36.68	12.01	17.69	13.47	8.41	6.39
Varenne.. { Sol......	48	18.31	19.32	8.05	2.18	4.67	8.69	9.98	28.80
{ Sous-sol...	49	21.34	19.02	6.63	1.48	3.48	5.45	13.65	28.95
Chambon. { Sol......	50	1.91	23.96	20.92	10.86	14.63	11.28	12.83	3.61
{ Sous-sol...	51	4.07	21.92	20.95	10.50	12.51	12.18	11.14	6.73
Varenne.. { Sol......	52	14.13	30.15	18.68	7.20	8.37	9.43	8.30	3.74
{ Sous-sol...	53	8.75	10.99	7.92	1.59	9.07	4.47	8.35	48.86
Idem..... { Sol......	54	25.71	32.96	13.05	4.91	5.59	9.58	5.47	2.73
{ Sous-sol...	55	34.96	18.40	4.54	0.88	1.52	0.16	13.87	25.67
Varenne délavée. { Sol......	56	13.98	28.72	12.88	3.79	6.45	9.36	21.03	3.79
{ Sous-sol...	57	31.42	26.83	9.10	1.42	6.01	7.73	10.28	7.15
Varenne.. { Sol......	58	12.93	20.74	11.96	4.78	5.70	10.06	15.38	18.45
{ Sous-sol...	59	19.26	12.92	5.22	0.99	3.21	7.00	13.27	38.13
Idem..... { Sol......	60	32.99	27.76	9.39	3.84	3.90	7.53	10.38	4.21
{ Sous-sol...	61	31.35	20.13	4.00	1.07	2.15	2.23	12.47	26.60
Idem..... { Sol......	62	25.22	30.30	11.89	4.22	4.64	7.07	11.65	5.01
{ Sous-sol...	63	14.50	19.87	5.47	1.05	6.15	0.22	8.13	44.61
Chambon. { Sol......	64	5.19	12.55	33.51	22.43	8.25	6.79	7.17	4.11
{ Sous-sol...	65	3.17	14.37	26.66	11.07	12.86	11.58	11.34	8.95
Idem..... Sol......	66	4.96	15.05	33.05	12.67	9.03	8.40	9.87	6.67
Lutton... { Idem......	67	1.07	6.81	22.09	14.42	14.05	13.91	12.25	15.40
{ Sous-sol...	68	0.29	6.88	27.95	10.20	14.17	13.49	7.91	19.11
Varenne.. { Sol......	69	11.45	9.27	9.99	4.34	11.14	16.35	6.60	30.86
{ Sous-sol...	70	10.02	15.76	18.11	0.34	11.59	11.13	19.13	13.92
Chambon. { Sol......	71	10.21	16.05	18.45	0.34	11.80	11.34	27.87	3.94
{ Sous-sol...	72	9.53	56.18	19.59	6.07	4.57	2.39	0.62	1.05

L'examen des propriétés physiques au laboratoire a donné les résultats suivants :

ORIGINE DES ÉCHANTILLONS.		NUMÉROS DES ÉCHANTILLONS.	DENSITÉ		PORO-SITÉ.	CAPACITÉ			PERMÉA-BILITÉ.
			RÉELLE.	APPA-RENTE.		pour L'EAU EN VOLUME.	pour L'AIR.	pour L'EAU EN POIDS.	
Lutton...	Sol	41	2.62	1.33	49.2	37.0	12.2	27.8	0.40
	Sous-sol...	42	2.70	1.12	58.5	57.5	1.0	51.3	0.14
Idem.....	Sol	43	2.64	1.34	49.2	36.4	12.8	27.2	0.03
	Sous-sol...	44	2.70	1.04	61.5	40.0	21.5	38.5	0.30
Chambon.	Sol	45	2.64	1.44	45.4	21.1	24.3	14.6	1.02
	Sous-sol...	46	2.67	1.49	44.2	13.2	31.0	8.9	6.52
	Idem......	47	2.64	1.42	46.2	36.3	9.9	25.6	0.19
Varenne..	Sol	48	2.58	1.18	54.3	26.6	27.7	32.5	0.69
	Sous-sol...	49	2.61	1.23	52.9	34.8	18.1	28.3	0.28
Chambon.	Sol	50	2.62	1.50	42.7	30.7	12.0	20.5	0.35
	Sous-sol...	51	2.61	1.46	44.1	23.1	21.0	15.8	0.15
Varenne..	Sol	52	2.58	1.68	34.9	24.0	10.9	14.3	0.24
	Sous-sol...	53	2.72	1.04	61.8	37.7	24.1	36.2	0.06
Idem.....	Sol	54	2.61	1.85	29.1	19.3	9.8	10.4	0.13
	Sous-sol...	55	2.69	1.29	52.0	28.9	23.1	22.4	0.17
Varenne délavée.	Sol	56	2.52	1.02	59.5	20.2	39.3	19.8	4.80
	Sous-sol...	57	2.55	1.46	42.7	16.5	26.2	11.3	1.00
Varenne..	Sol	58	2.59	1.31	49.4	25.9	23.5	19.8	0.58
	Sous-sol...	59	2.69	1.15	57.2	35.9	21.3	31.2	0.09
Idem.....	Sol	60	2.57	1.41	45.1	18.9	26.2	13.4	0.13
	Sous-sol...	61	2.69	1.21	55.0	27.1	27.9	22.4	0.32
Idem.....	Sol	62	2.54	1.42	44.1	19.7	24.4	13.9	0.41
	Sous-sol...	63	2.67	1.00	62.6	33.5	29.1	33.5	0.45
Chambon.	Sol	64	2.63	1.51	42.6	20.2	22.4	13.4	0.38
	Sous-sol...	65	2.64	1.25	52.6	19.6	33.0	15.7	1.96
Idem.....	Sol	66	2.62	1.41	46.2	20.3	25.9	14.4	0.78
Lutton...	Idem......	67	2.64	1.32	50.0	25.8	24.2	19.5	0.61
	Sous-sol...	68	2.65	1.29	51.3	31.7	19.6	24.6	0.96
Varenne..	Sol	69	2.63	1.25	52.5	33.5	19.0	26.8	0.39
	Sous-sol...	70	2.67	1.39	47.9	32.0	15.9	23.0	0.30
Chambon.	Sol	71	2.64	1.38	47.7	21.5	26.2	15.6	1.60
	Sous-sol...	72	2.65	1.54	41.9	9.0	32.9	5.8	11.20

Si nous considérons l'ensemble des terrains qui forment le périmètre du canal projeté du Furens, nous voyons que ce sont les *varennes* qui sont les plus fréquentes. Elles occupent en entier la terrasse supérieure d'alluvions anciennes, c'est-à-dire plus des deux tiers du périmètre total. Elles présentent des caractères assez constants : ce sont des terres très caillouteuses ; des galets le plus souvent quartzeux y sont ordinairement dans une proportion qui dépasse la moitié et atteint quelquefois les trois quarts du poids total. Ils sont reliés par un ciment très argileux. La couche arable, ainsi constituée, n'a jamais une grande épaisseur ; elle n'atteint que très rarement 50 centimètres et se tient le plus souvent aux environs de 15 à 20 centimètres. Elle repose sur un sous-sol très compact, imperméable, formé d'argile plastique, dans laquelle s'empâtent des galets plus ou moins abondants de même nature que ceux du sol arable.

Les déterminations de M. Albert Michel-Lévy conduisent à attribuer à ces varennes une perméabilité assez grande, qui en moyenne serait de **7.7**, notablement supérieure à celle que, par exemple, nous avons constatée pour les alluvions de la Garonne. Les essais que nous avons effectués au laboratoire nous ont fourni au contraire des chiffres qui indiqueraient une perméabilité plus faible, bien qu'encore un peu plus grande que celle des alluvions de la Garonne. Il y a là une contradiction, en réalité plus apparente que réelle, et qu'il importe d'expliquer.

Les mesures sur le terrain ont été faites à la fin d'une saison extrêmement peu pluvieuse, sur des terres très sèches. Dans ces conditions, le ciment argileux qui empâte les cailloux subit un retrait considérable, se craquelle, laisse des interstices et des fissures par lesquelles passe l'eau et accuse alors une perméabilité supérieure à celle que l'on pourrait constater dans des conditions d'humidité normale. Cette exagération de perméabilité est surtout manifeste pour les sols gazonnés. Lorsque la sécheresse est grande comme en 1906, les terres engazonnées laissent filtrer l'eau avec beaucoup plus de rapidité que celles qui sont labourées, surtout lorsque l'engazonnement est très ancien. La perméabilité observée peut alors varier du simple au triple et au delà. Ce fait s'explique par la présence de racines mortes qui, au moment de leur vitalité, gonflées sous l'influence de leur puissance végétative, ont comprimé le terrain tout autour d'elles, et puis, desséchées et ratatinées, ont laissé des canaux nombreux partout où elles s'étaient développées. L'eau trouve donc là des chemins pour s'infiltrer dans le sol.

L'année précédente, opérant par une période humide, c'est l'inverse qui avait été observé. Des terres, en luzerne, et surtout en prairie naturelle, dans lesquelles, du fait d'une humidité persistante la flétrissure et le dessèchement du système radiculaire et, par suite, la formation de canaux ne s'était pas produite, ont offert au passage de l'eau une plus grande résistance que les mêmes terres labourées.

Les mesures sur le terrain en place peuvent donc, dans certains cas, varier considérablement selon les conditions de saison, d'humidité, etc., dans lesquelles on les a effectuées. Il serait donc imprudent de leur attribuer une trop grande valeur absolue : elles constituent surtout des indications qui présentent cependant une grande valeur pratique, si l'on a soin de noter, comme nous l'avons fait, les conditions particulières dans lesquelles le terrain se trouvait au moment où elles ont été enregistrées.

La perméabilité des Varennes, étant donné la sécheresse exceptionnelle par laquelle les observations ont été faites sur place, est certainement inférieure à celle qui correspond aux chiffres donnés par M. A. Michel-Lévy. En tenant compte des essais de laboratoire elle nous paraît être un peu supérieure à celle des alluvions modernes de la Garonne et venir se classer entre 1 et 2 à notre échelle de perméabilité.

La constitution physique des varennes est assez particulière. L'analyse de la terre fine passant à travers les mailles du tamis de 1 millimètre, par la méthode de M. Schloesing, indique généralement une forte proportion de sable grossier, 600 à 700 pour 1000, une assez faible quantité de sable fin, voisine de 250 p. 1000 et enfin peu d'argile, en moyenne 60 à 70 p. 1000. A l'examen de ces chiffres on serait tenté de croire qu'ils correspondent à des terres très sableuses, peu argileuses, en somme très légères. M. Michel-Lévy nous les a décrites au contraire comme très argileuses. Y aurait-il là une autre contradiction entre les caractères agrologiques de ces sols et les données de leur analyse physique? Nous avons l'explication de cette apparente anomalie en étudiant les chiffres de l'analyse mécanique. Nous y voyons que les terres de varenne sont constituées d'une part par une forte proportion de sable très grossier et d'autre part par des parties fines où domine l'argile, les limons fins n'étant présents qu'en petite quantité. En somme nous avons un gravier enrobé dans un ciment peu abondant, mais très argileux et l'on conçoit qu'un tel ensemble puisse former une terre compacte et peu perméable, à la façon d'un béton composé de cailloux de sable et d'une petite quantité de chaux.

Les terres des basses terrasses de la vallée du Forez, appartenant à des alluvions plus récentes que les varennes, ont une constitution physique différente. Elles ne sont pas généralement moins riches en argile que les varennes, mais elles contiennent une proportion de sables fins plus grande, qui vient corriger la plasticité de ce dernier élément.

Les moins argileuses sont les *chambons*, terres sableuses, légères, faciles à travailler. D'après les observations faites sur le terrain, leur perméabilité est beaucoup plus grande et atteint en moyenne **16.6**. Les essais effectués au laboratoire accusent également une grande perméabilité.

Dans la région comprise entre Cuzieu et Rivas, que la carte géologique a placée sous la teinte correspondant aux alluvions anciennes des hautes terrasses (a^1), les alluvions de la terrasse inférieure, tout en restant constituées par des sables fins, deviennent très argileuses et ont donné des terres très fortes, que les agriculteurs appellent des *luttons*. Leur constitution physique rappellerait celle des terreforts de la Garonne, si les éléments sableux n'étaient pas un peu plus grossiers et si la proportion d'argile n'était pas un peu plus grande.

La perméabilité des luttons est très faible. D'après les mesures sur le terrain elle est en moyenne **1.1**.

Ces observations ont une grande importance au point de vue de l'application des arrosages. Il ne faudra amener l'eau sur les *luttons* qu'avec certaines précautions. Sur les *chambons* au contraire l'application des volumes usuels donnera certainement de bons résultats. Quant aux *varennes*, elles paraissent suffisamment perméables pour absorber l'eau d'arrosage, à condition qu'elle soit distribuée avec modération. Pourtant, étant donné l'imperméabilité presque absolue d'un sous-sol souvent très proche de la surface, des colatures bien étudiées et soigneusement établies seront nécessaires pour éviter la stagnation des eaux.

RÉSUMÉ DES RECHERCHES EFFECTUÉES EN 1906.

Dans le courant de l'année 1906, nos études ont porté, comme l'année précédente, sur les aptitudes de la terre à utiliser l'eau qui lui est donnée comme arrosage.

Nos premiers essais avaient consisté surtout en tâtonnements et en recherches sur le mode opératoire à adopter. Ils avaient montré que c'est principalement sur le terrain qu'il convient de faire des observations, sur la terre en place, telle qu'elle se présente à l'agriculteur. L'examen très détaillé fait au laboratoire, par des méthodes minutieuses, n'avait pas paru conduire à des enseignements aussi utiles, ce qui ne condamnait pas précisément les méthodes de laboratoire, mais montrait plutôt que celles-ci devaient être modifiées et adaptées au but poursuivi, qui, comme nous l'avons dit plus haut, est l'étude des rapports entre l'eau et la terre qui la reçoit.

Les études sur le terrain nous avaient déjà conduits à des constatations intéressantes et tout à fait inattendues. En plaçant sur la terre un cylindre, en le remplissant d'eau et observant la rapidité avec laquelle celle-ci s'infiltre, nous avons constaté qu'il y a des différences énormes, du simple au centuple et bien au delà, entre les différentes terres, dans la rapidité avec laquelle elles se laissent traverser, c'est-à-dire dans ce que nous pouvons appeler la perméabilité. En comparant les chiffres fournis par ces mesures, avec les observations culturales, nous avons vu que les endroits où les arrosages donnent de mauvais résultats et tendent à être abandonnés coïncident toujours avec une faible perméabilité; que là, au contraire, où les arrosages sont avantageux, la terre se laisse facilement pénétrer et traverser. De là, l'idée nous est venue de rapporter les quantités d'eau à distribuer, non pas à l'unité de surface, comme on le fait d'habitude, mais à la perméabilité, puisque celle-ci peut servir de mesure à l'aptitude des sols à recevoir de l'eau.

Nous avons pensé ainsi à établir, pour les diverses terres, une sorte d'échelle de perméabilité, afin de pouvoir les classer en un certain nombre de catégories, à chacune desquelles correspondrait un volume d'eau déterminé. C'est à l'étude de cette question que nous nous sommes attaché dans le courant de l'année 1906, en même temps que nous avons perfectionné considérablement le mode opératoire primitivement adopté. Nous avons maintenu, dans les cylindres placés sur le sol, un niveau rigoureusement constant, à l'aide d'un flacon rempli d'eau, renversé sur le cylindre, et qui sert en même temps à mesurer le liquide écoulé. Un dispositif a été adopté pour permettre de multiplier les essais, en installant simultanément, dans un périmètre étendu, un certain nombre de ces appareils dont on fait les lectures en se transportant de l'un à l'autre. Ce mode d'observation sur le terrain a été ainsi considérablement amélioré et facilité.

Le grand nombre des données recueillies a pleinement confirmé ce que nous avions déjà signalé l'année dernière, c'est-à-dire les différences énormes de perméabilité entre des terres de diverses natures et le rapport étroit entre les chiffres exprimant cette perméabilité et l'aptitude d'une terre à l'arrosage.

Nous avons établi une échelle de perméabilité de 0 à 100, ce dernier chiffre correspondant à une terre extrêmement perméable (sable siliceux) qui se laisse traverser en une heure de 100 centimètres d'eau. Le 0 correspond à des argiles plastiques absolument imperméables et chacun des degrés de l'échelle à 1 centimètre de hauteur d'eau traversant le sol dans l'unité adoptée de 1 heure, lorsque le régime d'écoulement régulier est établi.

Sans nous dissimuler ce que cette classification peut avoir d'arbitraire et d'imparfait, nous avons vu cependant qu'elle permet de diviser les terres en catégories ayant des perméabilités de même ordre de grandeur, et de se guider sur cette mesure pour déterminer les quantités d'eau qui peuvent être utilement données dans un périmètre déterminé.

En vue de donner à nos résultats une contingence avec les projets d'arrosage en cours, nous avons opéré principalement dans les localités où l'Administration de l'Hydraulique agricole fait actuellement des études à cet effet.

Dans la vallée de la Garonne, entre Toulouse et la Réole, existe un périmètre dominé par le canal latéral à la Garonne. Ce canal pourrait fournir à l'arrosage agricole 5 à 6 mètres cubes d'eau à la seconde.

Le périmètre arrosable, c'est-à-dire celui dont la situation topographique permet l'amenée de l'eau du canal, est de plus de 200,000 hectares, mais les quantités d'eau disponibles ne correspondent qu'à l'arrosage d'une surface de 5,000 à 10,000 hectares.

Plusieurs demandes ont été faites en vue de l'utilisation de cette eau.

Tous les terrains de cette région sont formés d'alluvions modernes provenant principalement des Pyrénées, tirant ainsi leur origine de roches primitives ou schisteuses. En certains endroits, surtout au confluent d'autres rivières, ces alluvions sont profondément modifiées par l'apport de matériaux empruntés aux Cévennes. Mais ce sont les alluvions de la Garonne qui sont de beaucoup prédominantes comme étendue.

A Sérignac, nous avons étudié plus spécialement la boucle comprise entre Agen et Port-Sainte-Marie, offrant un périmètre d'environ 3,000 hectares, constitué par des limons qui ont en général une perméabilité très faible, variant cependant dans une certaine mesure, suivant qu'on se rapproche ou qu'on s'éloigne de la Garonne. Sur les bords du fleuve, les éléments fins sont accompagnés de moindres quantités d'argile et leur perméabilité est un peu plus élevée. A une certaine distance, au contraire, les argiles sont mélangées en plus forte proportion au sable fin; et la perméabilité diminue.

Dans l'échelle que nous avons adoptée, les moins perméables correspondent à la graduation de 0.1 et les plus perméables à celle de 1.0 avec tous les intermédiaires entre ces deux chiffres, c'est-à-dire que ces terres se sont laissé traverser par l'eau dans une proportion de 1 millimètre à 1 centimètre de hauteur par heure. Ces terres, dans un grand état de siccité au moment de l'observation, forment, au premier contact de l'eau, une sorte de laque ou de vernis s'opposant à l'infiltration rapide.

La faible perméabilité de ces terres oblige à donner de l'eau avec discrétion. Si elle était amenée en abondance, ou seulement dans les proportions usuelles, on risquerait de noyer les terres et de produire ainsi des effets plus nuisibles qu'utiles. Les enseignements qui découlent de nos observations montrent que, dans tout ce périmètre, l'eau doit être amenée avec prudence, qu'il convient de faire plutôt des arrosages légers et répétés que des arrosages copieux à des intervalles espacés. L'aménagement de ces terrains devra être fait très soigneusement, de façon à éviter la stagnation de l'eau.

Ces déductions sont fortifiées par une observation que nous avons pu faire sur les lieux mêmes, chez un agriculteur avisé qui, en procédant par des arrosages légers et multipliés, avec de l'eau puisée d'un puits à l'aide d'un moteur, a obtenu, dans une propriété d'assez grande étendue, des résultats culturaux véritablement surprenants.

En vue de l'utilisation des eaux disponibles du canal latéral, nous avons étendu nos observations à tout le périmètre arrosable, en prenant le canal à partir de son origine à Toulouse, et échelonnant le long de son parcours les observations sur les terrains qu'il domine.

Ces terrains appartiennent à peu près tous aux alluvions modernes qui forment la basse plaine de la Garonne. Le tracé du canal suit le bord inférieur de la première terrasse des alluvions anciennes de la vallée.

Dans la portion de vallée qui s'étend de Toulouse à Moissac, au confluent du

Tarn, les alluvions de la basse plaine sont formées de limons à éléments très fins, généralement assez argileux, se crevassant plus ou moins par la sécheresse. On les désigne dans le pays sous le nom de *terreforts*. La première terrasse d'alluvions anciennes comprend des terres formées de limons également très fins, mais peu ou point argileux, qui ne se crevassent pas par la sécheresse, qui se délaient dans l'eau avec la plus grande facilité, et constituent souvent des *terres battantes*. On les désigne par le terme de *boulbènes*. Par endroit les terreforts de la basse plaine sont mélangés de boulbènes, et il y a tous les intermédiaires entre ces deux catégories de terrains. Au-dessous du confluent du Tarn, les alluvions de la basse plaine ne sont plus aussi régulièrement argileuses. On y rencontre des terrains plus sableux, dont l'importance augmente à mesure que l'on se rapproche de la Réole.

Nous avons fait des observations aux environs d'Ondes, de Grisolles, de Montech, de Castelsarrasin, de Valence-d'Agen, d'Agen, de Tonneins, de Marmande et de la Réole, embrassant ainsi l'ensemble de tout le périmètre arrosable.

L'étude de la perméabilité de ces terrains nous a montré qu'il n'y a pas entre eux de différences notables. Envisagés dans leur ensemble, ils se classent au bas de l'échelle de perméabilité, c'est-à-dire que les hauteurs d'eau qui s'infiltrent pendant la durée d'une heure ne dépassent pas, en général, 1 centimètre. En quelques points, cependant, particulièrement sous l'influence des affluents de la rive droite, le Tarn et le Lot, les terrains tendent à se modifier par l'apport d'éléments sableux, plus grossiers, et on voit alors apparaître une perméabilité notablement supérieure, atteignant 5.0 de l'échelle.

Dans ses grandes lignes, la zone comprise entre le fleuve et le canal a une perméabilité très faible dans la partie supérieure, mais qui augmente sensiblement à mesure que l'on s'avance vers la Réole, les alluvions étant modifiées sous l'influence des rivières importantes qui se jettent dans la Garonne. Il y aura lieu de tenir compte de ces faits dans la pratique de l'arrosage de cette région.

Dans la haute vallée de la Garonne, nous avons eu également à examiner des terrains pour lesquels des projets d'arrosage sont en cours, notamment à Marignac. Là, les alluvions ont une constitution différente. Plus rapprochées de la source, ils sont plus chargés d'éléments grossiers, et, par suite, leur perméabilité se trouve notablement augmentée. Nous pouvons les classer dans l'échelle adoptée au degré 5.0, et les regarder, par suite, comme des terres ayant assez de perméabilité pour que l'eau puisse, sans inconvénient, leur être apportée suivant les proportions usuelles. Celle-ci serait empruntée à un canal qui est actuellement à l'étude.

Nous avons cru intéressant d'étendre nos observations à la vallée de la Pique, non pas en vue de l'arrosage, mais en vue du dessèchement. Dans cette vallée, en effet, du fait de l'endiguement de la rivière et de l'exhaussement subséquent que subit graduellement son lit, des terrains fertiles à l'époque où la rivière divaguait naturellement, se trouvent aujourd'hui en contre-bas et sont transformés en marais. Les eaux venant des montagnes voisines ne trouvent plus à s'écouler et sont devenues stagnantes. Nous avons constaté que les alluvions de cette vallée ont une perméabilité assez grande, puisqu'elle est de 10 à 14. Leur submersion ne tient pas à leur imperméabilité, mais à leur situation en contre-bas et au défaut d'écoulement des eaux superficielles et souterraines.

Dans la vallée de l'Ariège, où il existe des terrains d'alluvions d'âges différents, et où des arrosages sont à l'étude, nous avons complété les observations faites l'année précédente. Nous avons, en général, constaté une très grande perméabilité, se classant de 15 à 30, tant dans les alluvions modernes que sur les deux terrasses d'alluvions anciennes. Mais certains points sont constitués par des boulbènes et présentent alors une imperméabilité presque absolue.

Il faut donc tenir compte, dans le périmètre arrosable, de la différence de ces deux natures de terrains, l'une d'une grande perméabilité, se prêtant à un arrosage copieux, l'autre d'une perméabilité très minime, où il faudrait amener l'eau avec beaucoup de mesure et de précautions.

Dans la plaine du Forez, nous avons étudié des terrains pour l'arrosage desquels l'Administration de l'Hydraulique agricole étudie actuellement un projet de canal qui détournera vers la Fouillouse les eaux du Furens, pour les conduire, par les hauteurs, dans la Coise, en amont de Saint-Galmier. Le périmètre arrosable est compris, au sud de la plaine du Forez, dans l'angle que forme le confluent de la Loire et de la Coise et il est d'une étendue d'environ 5,000 hectares.

Les observations ont été faites, dans cette région, avec un très grand soin, par M. Albert Michel-Lévy que nous ne saurions trop remercier de son concours intelligent et dévoué.

Dans ce périmètre, le sous-sol est constitué par des dépôts tertiaires et recouvert par des alluvions. Celles-ci forment d'abord une terrasse supérieure d'alluvions anciennes, ayant donné des terres que l'on désigne sous le nom de *varennes*, très argileuses, contenant une forte proportion de galets et de cailloutis; puis constituant la basse plaine de la Loire, on trouve des alluvions modernes, généralement plus légères, ayant donné des terres, les unes fortes appelées *luttons*, les autres, plus sableuses, appelées *chambons*.

Cette division adoptée par la pratique, d'après l'observation de la nature des terres, se trouve correspondre à des différences très notables dans le degré de perméabilité. Ainsi, les luttons sont très peu perméables, puisque, dans l'ensemble, ils se classent en moyenne à 1.1, avec des différences peu accentuées. Les varennes ont une perméabilité sensiblement plus grande, se classant dans l'échelle aux environs de 2. Enfin, les chambons sont plus perméables encore, se classant à 16.6.

Pour les luttons, il faudra donc amener l'eau avec certaines précautions. Les varennes et les chambons peuvent en recevoir des quantités plus fortes.

Les observations faites sur le terrain nous ont donc donné des renseignements intéressants, dont il conviendra de faire l'application à la pratique des arrosages et surtout à l'établissement des projets d'amenée de l'eau, qui doivent tenir compte des quantités d'eau qu'une terre peut recevoir utilement.

RECHERCHES EFFECTUÉES EN 1907.

Les travaux effectués pendant l'année 1907 sont la suite et le développement de nos études antérieures. Nous les avons étendus à une autre partie du bassin de la Garonne, la vallée du Lot, en vue de compléter la série effectuée dans la vallée moyenne de la Garonne et de déterminer dans quelle mesure les terres de cette région sont aptes à être arrosées, car des projets de construction de canaux sont en cours.

Nous nous sommes ensuite transportés en Provence. Dans cette région où l'arrosage joue un rôle si considérable et où une longue pratique a amené des méthodes d'application de l'eau, qui donnent les résultats les plus avantageux qu'on puisse citer en France. Nous voulions ainsi comparer les indications découlant de nos recherches à celles que pouvait fournir la pratique de ces arrosages, qui peuvent servir de modèles et en même temps nous fournir une base sérieuse d'application pour les idées que nous avons émises pour les recherches antérieures.

RECHERCHES EFFECTUÉES EN 1907 DANS LE BASSIN DE LA GARONNE.

M. Vignerot, ingénieur des améliorations agricoles à Bordeaux, a effectué à notre demande des essais de perméabilité sur des terrains pour lesquels il étudiait des projets d'amélioration : irrigation ou drainage.

Il nous a adressé deux échantillons de terre provenant du domaine de Beteau, commune de Neuvicq, (Charente-Inférieure) pour lequel un projet d'irrigation était à l'étude.

Echantillon n° 13. — Près du confluent du Ruissour. Sables ou grès tertiaires. Terre sableuse avec cailloux, homogène jusqu'à une grande profondeur. Sur une croupe avec une forte pente vers l'Ouest, terrain actuellement boisé, mais destiné à devenir une prairie irriguée.

L'examen a été fait le 8 mars 1907, après une période pluvieuse, le sol étant saturé d'eau : on a trouvé : 1.1.

Echantillon n° 14. — Près de la Font-Blanche. L'examen de la perméabilité a donné : 1.1.

L'analyse physico-chimique de ces deux échantillons a donné les résultats suivants :

			TOTAL.	SILICEUX.	CALCAIRE.
N° 13..	Sable....	grossier...............	661.8	659.4	0.1
		fin...................	311.0	308.3	1.7
	Argile...........................		18.7	//	//
	Humus...........................		6.6	//	//
N° 14..	Sable....	grossier...............	499.1	497.1	//
		fin...................	451.2	450.3	0.9
	Argile...........................		33.4	//	//
	Humus...........................		9.0	//	//

L'analyse mécanique a fourni les chiffres suivants :

		N° 13.	N° 14.
Gravier...		//	//
Sable....	grossier.................................	23.0	15.5
	moyen...................................	19.6	14.4
	fin......................................	5.5	6.2
Limon...	sableux.................................	11.0	9.1
	fin......................................	16.2	26.7
	très fin.................................	22.8	24.8
Argile..		1.9	3.3

L'examen des propriétés physiques au laboratoire a donné :

		N° 13.	N° 14.
Densité ..	réelle	2.50	2.54
	apparente	1.31	1.25
Porosité		47.60	50.80
Capacité..	pour l'eau en volume	33.50	38.30
	pour l'eau en poids	25.60	30.60
	pour l'air	14.10	12.50
Perméabilité		2.80	0.60

Ces deux terres sont formées de sable grossier siliceux, mélangé d'éléments très fins également siliceux, non argileux. Dans le n° 14 ces éléments fins sont dans la proportion de 50 p. 100 tandis que dans le n° 13 ils ne représentent que 38 p. 100 de son poids. Aussi le n° 14 a-t-il une capacité pour l'eau un peu plus grande, et une perméabilité plus faible. L'examen sur place a donné pour cette perméabilité des résultats identiques et plus faibles relativement, mais il faut tenir compte de ce fait qu'il a été effectué sur une terre saturée d'eau, à la fin d'une saison très humide. La perméabilité est en réalité plus grande que celle qui correspondrait aux chiffres ainsi obtenus.

Les terres de Beteau possèdent donc une bonne perméabilité et l'eau d'arrosage y sera bien utilisée. De plus, elles se ressuient bien, car elles ont une grande capacité pour l'air. Comme, d'autre part, la pente est considérable, elles peuvent recevoir des volumes d'eau très grands, qui ne sont limités que par ceux qu'il est possible d'y amener.

M. Vignerot ayant eu à étudier un autre projet d'irrigation, pour la plaine de Caillac (arrondissement de Cahors), dans la vallée du Lot, a effectué quelques essais et nous a envoyé les échantillons de terre correspondants.

Échantillon n° 15. — Plaine de Caillac (Lot) le long du chemin de l'église, chez Vernet (Justin).

Alluvions récentes rarement inondées, très épaisses, reposant sur les marnes calcaires du Jurassique supérieur (Virgulien). Terre sablo-argileuse, plus compacte que le n° 16, ayant au moins 4 mètres d'épaisseur, formant la partie supérieure de la plaine, avec une pente de 3 à 4 p. 100 vers le Sud-Ouest. Terre facile à travailler sauf pendant la sécheresse.

La perméabilité, observée dans un chaume de blé, est la suivante : **1.3.**

Échantillon n° 16. — Plaine de Caillac. Lieu dit la Rivière, à 300 mètres à l'Est de l'Église, près de la cote 174.

Partie moyenne de la plaine d'alluvions modernes du Lot, avec une pente de 2 p. 100 vers le Sud-Ouest, plus rarement inondée que le n° 18. 4 mètres d'épaisseur au-dessus des marnes du Virgulien. Terre sablo-argileuse, facile à travailler, sauf pendant la sécheresse.

La perméabilité, observée sur un chaume de blé, a donné le résultat suivant : **0.4.**

Échantillon n° 17. — Plaine de Caillac. Partie basse des alluvions récentes du Lot. Dépôts de sables recouverts par les inondations annuelles, ayant une grande épaisseur au-dessus du Virgulien.

Sable micacé, riche, très facile à travailler en tous temps. Dans un chaume de blé, on a trouvé pour la perméabilité : **12.0**.

La constitution physico-chimique de ces terres est la suivante :

			TOTAL.	SILICEUX.	CALCAIRE.
N° 15..	Sable....	grossier...............	360.0	352.8	4.8
		fin....................	477.8	464.8	13.0
	Argile.........................		148.2	//	//
N° 16..	Sable....	grossier...............	634.6	629.9	1.3
		fin....................	290.9	285.9	5.0
	Argile.........................		67.9	//	//
N° 17..	Sable....	grossier	790.4	772.9	7.1
		fin....................	174.2	165.6	8.6
	Argile.........................		29.6	//	//

L'analyse mécanique a donné :

		N° 15.	N° 16.	N° 17.
Gravier.................................		//	//	//
Sable....	grossier......................	3.8	1.2	2.7
	moyen	4.8	17.0	35.9
	fin..........................	6.3	18.2	21.1
Limon...	sableux.....................	17.9	23.2	17.8
	fin..........................	27.4	17.5	11.0
	très fin	25.0	16.1	8.5
Argile.................................		14.8	6.8	3.0

Les propriétés physiques déterminées par les méthodes de laboratoire sont les suivantes :

		N° 15.	N° 16.	N° 17.
Densité ..	réelle	2.66	2.68	2.66
	apparente..................	1.37	1.35	1.52
Porosité		48.50	49.60	42.80
Capacité..	pour l'eau en volume	43.90	37.90	39.30
	pour l'eau en poids..............	32.00	28.10	25.80
	pour l'air	4.60	11.70	3.50
Perméabilité.............................		0.09	0.29	2.13

La constitution physique de ces terres présente de grandes analogies avec celles que nous avons trouvées dans la vallée de la Garonne, en aval du confluent du Tarn, notamment aux environs de Tonneins et de Marmande. Dans la partie la plus éloignée du Lot, les alluvions sont formées d'éléments très fins, assez argileuses. À mesure que l'on se rappproche de la rivière, la proportion d'argile diminue et les éléments sableux deviennent un peu plus grossiers. Sur les bords mêmes, la terre est constituée entièrement par du sable non argileux. La capacité pour l'air de ces terres est généralement très faible, aussi craignent-elles l'excès d'humidité et si on en fait l'irrigation, il faudra avoir soin de ménager des colatures de façon à ne pas laisser stagner l'eau. La perméabilité est généralement assez faible. Cependant elle augmente, en même temps que diminue la teneur en argile quand on se rapproche du Lot, et au voisinage immédiat de la rivière elle atteint même une valeur élevée.

Dans les parties les plus élevées de la plaine alluviale du Lot, il y a lieu d'observer une grande prudence dans la distribution de l'eau, qui ne doit être donnée qu'avec discrétion. Les terres plus voisines de la rivière peuvent supporter des arrosages plus copieux.

M. Vignerot a eu à établir un projet d'assainissement de prairies à Firbeix, arrondissement de Nontron (Dordogne) dans la vallée de la Dronne. Il a effectué des mesures de perméabilité du terrain à assainir et nous en a adressé des échantillons.

Échantillon n° 18. — Pré du château, partie basse de la vallée, inondée périodiquement, à pente très faible. Terre sablo-argileuse, avec quelques cailloux, reposant à o m. 5o sur une couche d'argile surmontant des leptynites (terrain primitif).

La perméabilité observée dans une vieille prairie irriguée et humide, que l'on se proposait d'assainir, a été : **9.4.**

Échantillon n° 21. — Même prairie que l'échantillon précédent, partie à mi-coteau, terrain en forte pente. Terre sablo-argileuse formée par la décomposition des leptynites sur lesquelles elle repose à o m. 5o de profondeur. La perméabilité observée dans une vieille prairie irriguée a été : **50.0.**

La constitution physico-chimique de ces deux échantillons est la suivante :

			TOTAL.	SILICEUX.	CALCAIRE.
N° 18..	Sable....	grossier	53o.4	522.9	0.2
		fin	3g7.3	3g5.6	1.7
	Argile.........................		4g.5	//	//
	Humus.........................		12.2	//	//
N° 21..	Sable....	grossier	49o.7	486.7	0.1
		fin.....................	446.2	443.5	2.7
	Argile.........................		45.1	//	//
	Humus.........................		11.2	//	//

L'analyse mécanique a donné les résultats suivants :

		N° 18.	N° 21.
Gravier		//	//
Sable....	grossier	7.2	17.8
	moyen	17.4	14.6
	fin..................................	12.3	6.0
Limon ...	sableux..............................	15.4	10.7
	fin..................................	20.1	23.7
	très fin.............................	22.7	22.7
Argile..		4.9	4.5

L'examen au laboratoire des propriétés physiques nous a fourni les chiffres suivants·

		N° 18.	N° 21.
Densité ..	réelle.......	2.5i	2.55
	apparente	0.g3	0.g3
Porosité...........................		62.9o	63.5o
Capacité..	pour l'eau en volume.......	43.5o	37.00
	pour l'eau en poids	46.8o	39.8o
	pour l'air....................	16.1o	26.5o
Perméabilité................................		2.4o	6.g3

7·

Ces terres sont constituées par des sables siliceux assez ténus, peu argileux, mais riches en humus. Elles ont une grande capacité pour l'eau, mais elles sont très poreuses et leur capacité pour l'air est très grande. Leur perméabilité est également considérable. En somme ce n'est pas aux mauvaises propriétés physiques de la couche arable qu'est due leur humidité, mais à d'autres causes, probablement l'imperméabilité du sous-sol et la situation topographique. Il n'y a donc pas lieu d'en faire un drainage proprement dit, mais un assainissement par fossés espacés et ouverts dans les parties les plus basses.

RECHERCHES EFFECTUÉES EN PROVENCE EN 1907.

Au cours des années 1905 et 1906, nous avons cherché à préciser les relations qui existent entre les aptitudes des terres à être arrosées et leur perméabilité spécifique, déterminée par la rapidité avec laquelle l'eau les traverse dans des conditions déterminées et constantes. Nous avons vu ainsi, en premier lieu, qu'il existait entre les terres, même entre celles qui ont une origine identique, des différences de perméabilité énormes, allant du simple au centuple et bien au delà. Ces faits nous ont expliqué, avec une très grande netteté, pourquoi, dans certaines régions, comme la vallée de la Garonne, les arrosages donnaient des déceptions et à quoi tenaient les insuccès de certains canaux d'arrosage, tels que celui de Saint-Martory, insuccès qui coïncident toujours avec une très faible perméabilité des terres.

Cette concordance, constante et très frappante, vérifiée en un très grand nombre de points et sur des terrains très divers, nous a montré que la méthode que nous avons imaginée et expérimentée avait une valeur réelle, et que l'étude de l'établissement des canaux d'irrigation devait toujours être accompagnée, ou plutôt précédée, de l'examen, au point de vue de leur facilité à se laisser pénétrer et traverser par l'eau, des terres du périmètre arrosable. On saura ainsi d'avance si ces terres répondront aux efforts qui seront faits pour leur amener l'eau. On saura ainsi dans quelle mesure elles peuvent en recevoir, c'est-à-dire si elles sont susceptibles d'être arrosées copieusement, ou modérément, ou si l'eau doit leur être distribuée avec parcimonie et précaution. La perméabilité est donc un facteur dont il faut tenir grand compte dans l'étude préliminaire relative à l'établissement des canaux d'irrigation; elle déterminera l'opportunité de leur construction et influera sur le calcul des quantités d'eau à amener au périmètre arrosable.

Ces idées nous avaient été suggérées par nos observations de 1905 et 1906, effectuées dans des régions où les arrosages ont généralement peu réussi et sur des terres souvent trop peu perméables pour tirer un bon parti de l'eau d'arrosage. Pour donner à la fois plus de force à nos conclusions, et une valeur pratique à nos observations, il y avait lieu de confronter ces résultats avec ce qui se passe dans les régions où l'arrosage est couramment pratiqué et où les quantités d'eau données peuvent être rigoureusement mesurées.

Nous nous sommes donc transportés en Provence, où se rencontrent les principaux canaux d'irrigation français et où l'arrosage se fait avec un grand soin et avec succès. Beaucoup de ces canaux, qui arrosent de vastes étendues, sont dérivés de la Durance. Quelques-uns remontent déjà à plusieurs siècles; d'autres sont d'origine récente. Presque toutes les cultures, sauf quelques végétaux arborescents, comme la vigne, sont soumises à l'arrosage, cependant l'irrigation est appliquée plus spécialement à la culture maraîchère, surtout en vue de la production des primeurs. Elle s'applique aussi à la grande culture, principalement à la production fourragère.

Ces arrosages ont amené dans le pays une grande prospérité. Ils sont l'objet de soins particuliers et pourraient servir de modèles à toutes les cultures arrosées.

Nous avons choisi cette région précisément en raison de la pratique intelligente de l'arrosage qu'elle présente, de la possibilité de mesurer la consommation de l'eau distribuée, cette dernière donnée devant nous permettre de rattacher nos études antérieures, quelque peu abstraites, aux données matérielles de conditions bien déterminées.

Nous avions, dans nos précédentes études, établi une échelle de perméabilité et nous avions été amenés à penser qu'il ne fallait pas appliquer à tous les sols, correspondant aux divers degrés de cette échelle, des arrosages semblables. C'est ce que nous avons essayé de vérifier dans le périmètre des canaux dérivés de la Durance. Nous avons donc institué une série d'observations avec nos appareils de mesure sur le terrain, ainsi qu'avec nos procédés de laboratoire, sur certains points de ce territoire dans lesquels l'arrivée de l'eau était rigoureusement déterminée, et appliquée à des intervalles réguliers. C'est sur le canal de Carpentras, dont l'ingénieur, M. Prost, a établi des mesures très précises de la distribution de l'eau, que nos observations ont été faites plus fructueusement.

Dans son ensemble, le périmètre du canal de Carpentras est formé de terres tirant leur origine des alluvions anciennes du Rhône. Ce sont généralement des limons rougeâtres assez grossiers, à la fois argileux et graveleux, plus ou moins cailouteux. Ces alluvions reposent sur l'Helvétien, représenté par un calcaire siliceux friable (mollasse marine), qui vient affleurer en quelques points, notamment aux environs immédiats de Carpentras et au nord, entre Carpentras et le massif du Ventoux. Dans les parties basses les alluvions anciennes sont recouvertes d'une alluvion plus moderne, généralement sans cailloux, très calcaire et riche en humus, déposée au fond d'anciens marais desséchés. Ces alluvions anciennes cailouteuses constituent des plateaux peu élevés qui, lorsqu'ils ne sont pas arrosés, ne portent que de maigres cultures, des vignes et des plantations de chênes truffiers, souvent des garrigues incultes. Lorsqu'elles sont arrosées, au contraire, elles se transforment en prairies très productives et souvent on les réserve à la culture des fraises. Les alluvions modernes ou des paluds, qui s'étendent surtout entre Carpentras et Avignon, sont couvertes surtout de riches cultures maraîchères et de primeurs aux abords des villages, de plantureuses prairies dans les parties plus éloignées.

Échantillon n° 141. — Près de Carpentras, au-dessous de l'Hôpital (pl. VI).
Éboulis et alluvions anciennes sur un petit coteau de mollasse.

Terre grise cailouteuse, sableuse, légère, profonde, se ressuyant bien après les pluies, facile à travailler.

Dans une prairie arrosée depuis huit jours (terre humide mais bien ressuyée), on a trouvé pour la perméabilité : **3.0.**

Échantillon n° 142. — Point de prise voisin du précédent. On observe la perméabilité dans une vigne labourée, non arrosée, mais huit jours avant il est tombé une pluie de 40 millimètres. On a obtenu : **28.2.**

Échantillon n° 143. — Point de prise voisin du précédent. On observe la perméabilité dans une terre labourée ensemencée en raves. Le sous-sol est très frais, la nappe aquifère étant à o m. 4o au plus dans le sous-sol. La terre est bien ressuyée à la surface. On a trouvé : **10.3.**

On a fait une autre observation de la perméabilité dans le même champ labouré, en un point un peu plus élevé : **24.7.**

Échantillon n° 144. — Passage à niveau de Rey. Éboulis sur un coteau de mollasse, forte pente vers le sud. Terre grise, meuble, se ressuyant bien après les pluies, facile à travailler. On a fait l'observation de la perméabilité dans une prairie en très bel état, arrosée par le système des rigoles de niveau, quatre à cinq jours après le dernier arrosage : **14.7.**

Échantillon n° 145. — Point de prise à quelques mètres du précédent. La perméabilité observée dans des prairies arrosées par une pluie de 4o millimètres la semaine précédente a été : **8.4.**

Échantillon n° 146. — Point de prise à quelques mètres des précédents. Dans des haricots non arrosés depuis la pluie on a trouvé : **20.6.**

Échantillon n° 147. — Près du pont du chemin de fer sur la Mède, entre Aubignan et Loriol.

Alluvions modernes de la Mède, très profondes. Terre grise non caillouteuse. Champ de melons non arrosé depuis la pluie de 4o millimètres de la semaine précédente; le sous-sol est frais par suite d'une infiltration venant d'un fossé voisin. Terre meuble superficiellement, sous-sol très dur. La perméabilité été trouvée égale à **11.0.**

Échantillon n° 148. — Point de prise voisin du précédent.

Examen de la perméabilité dans un champ de haricots arrosé depuis quelques jours, où la terre est plus meuble : **41.5.**

Échantillon n° 149. — Point de prise voisin des précédents. Dans une luzernière non arrosée, terre sèche : **28.5.**

Échantillon n° 150. — Quartier des Bouissonades, chez M. Donran. Alluvions anciennes du Rhône, profondes. Terre rouge très caillouteuse. Dans des fraisiers arrosés depuis quinze jours la perméabilité était : **5.0.**

Échantillon n° 151. — Point de prise voisin du précédent. Dans des fraisiers arrosés depuis trois jours trois quarts, la perméabilité observée a été : **30.0.**

Échantillon n° 152. — Point de prise voisin des précédents. Dans un pré de graminées arrosé depuis trois jours trois quarts, on a trouvé : **4.5.**

Échantillon n° 153. — Point de prise voisin du précédent. Dans une luzerne arrosée depuis trois jours trois quarts : **11.9.**

Échantillon n° 154. — À gauche de la route de Carpentras à Avignon, à la sortie de Monteux. Alluvions anciennes remaniées et alluvions modernes du Lauzon.

Dans des pois semés sur chaume de blé, non arrosés, la perméabilité était : **16.8**

Échantillon n° 155. — Point de prise voisin du précédent, dans des haricots arrosés depuis deux jours : **24.5.**

Échantillon n° 156. — Point de prise voisin des précédents. Dans une prairie venant d'être fauchée et non arrosée depuis une pluie de 40 millimètres tombée onze jours plus tôt : **15.0.**

Échantillon n° 157. — Point de prise voisin des précédents. Dans une terre labourée non arrosée depuis la pluie : **21.4.**

Échantillon n° 158. — A gauche de la route de Carpentras à Avignon, 2 kilomètres après la sortie de Monteux.

Alluvions modernes, terre grise non caillouteuse, très meuble.

Dans un pré arrosé depuis trois jours, la perméabilité était : **5.0.**

Échantillon n° 159. — Terre labourée ensemencée de petits pois, sur le bord de la prairie arrosée du n° 158, terre fraîche par suite de ce voisinage.

La perméabilité était : **15.0.**

Échantillon n° 160. — Point de prise voisin des précédents. Autre extrémité non arrosée du champ de petits pois. La terre est encore fraîche par le voisinage des terres arrosées. La perméabilité observée a été : **18.7.**

La constitution physico-chimique de ces terres est donnée par le tableau suivant :

NUMÉROS DES TERRES.	SABLE GROSSIER			SABLE FIN			ARGILE.	HUMUS.
	TOTAL.	SILICEUX.	CALCAIRE.	TOTAL.	SILICEUX.	CALCAIRE.		
141............	542.7	416.8	119.5	350.1	197.5	152.6	92.4	3.1
142............	539.2	420.8	112.9	358.3	202.6	155.7	92.6	3.5
143............	549.4	414.5	130.0	350.7	177.4	173.3	81.2	4.9
144............	719.6	573.6	135.7	229.2	123.0	106.2	44.5	2.0
145............	727.9	571.6	148.9	214.5	116.2	98.3	51.0	1.6
146............	733.7	584.8	143.1	198.1	117.2	80.9	61.2	1.0
147............	744.2	638.0	102.6	168.0	78.2	89.8	74.7	6.6
148............	773.5	676.6	93.0	159.9	81.3	78.6	58.7	3.3
149............	688.5	601.6	79.0	239.6	121.5	118.1	62.6	2.3
150............	479.8	470.0	7.8	272.7	246.9	25.8	219.7	19.7
151............	580.9	558.1	19.7	234.9	209.1	25.8	172.8	5.8
152............	518.0	507.8	8.2	269.2	247.6	21.6	200.6	6.7
153............	550.3	530.5	16.9	249.0	225.4	23.6	188.4	7.2
154............	411.4	296.8	109.6	390.0	214.6	175.5	175.4	4.0
155............	445.1	332.4	107.4	372.1	206.7	165.4	153.6	4.6
156............	378.7	275.5	98.7	410.2	228.5	181.7	182.2	8.7
157............	462.2	342.6	114.7	363.1	188.3	174.8	152.0	4.6
158............	430.8	306.4	118.7	397.3	190.2	207.1	136.7	6.4
159............	453.2	329.8	117.6	385.8	174.4	211.4	141.3	5.2
160............	515.3	448.1	63.9	333.1	181.5	151.6	137.6	2.2

L'analyse mécanique a donné les résultats suivants :

NUMÉROS DES TERRES.	GRAVIER.	SABLE			LIMON			ARGILE.
		GROSSIER.	MOYEN.	FIN.	SABLEUX.	FIN.	TRÈS FIN.	
141................	3.3	3.6	24.9	9.3	11.7	17.6	20.7	8.9
142................	3.1	3.8	23.0	9.7	11.7	19.6	20.1	9.0
143................	3.9	4.4	22.4	9.6	11.9	17.8	22.2	7.8
144................	2.4	1.8	18.2	30.7	10.1	11.4	21.1	4.3
145................	1.7	2.4	35.1	22.1	11.1	9.3	13.3	5.0
146................	1.3	1.7	32.7	23.0	11.7	10.2	13.4	6.0
147................	1.4	4.5	36.8	18.0	10.9	8.3	12.7	7.4
148................	0.8	4.8	40.0	20.2	10.9	7.2	10.2	5.9
149................	1.4	3.6	28.9	20.5	12.0	9.4	18.0	6.2
150................	3.2	4.1	19.7	9.6	10.4	15.4	16.3	21.3
151................	7.0	5.6	23.7	11.5	11.0	11.9	13.2	16.1
152................	2.8	4.1	23.5	10.7	11.9	13.8	13.7	19.5
153................	4.6	5.6	20.1	11.9	10.3	14.4	15.2	17.9
154................	4.2	3.8	14.4	6.2	12.1	17.5	25.0	16.8
155................	7.4	4.5	15.5	7.8	11.6	18.7	20.2	14.3
156................	5.7	3.9	13.0	5.9	12.7	21.0	20.6	17.2
157................	2.7	3.0	14.7	8.9	13.9	18.0	24.0	14.8
158................	1.9	2.9	12.6	10.3	12.5	16.8	29.6	13.4
159................	1.4	3.0	15.7	11.0	13.6	16.5	24.9	13.9
160................	1.7	3.3	16.6	10.4	15.3	15.1	25.1	12.5

L'examen de ces terres au laboratoire pour la détermination des propriétés physiques a donné les résultats suivants :

NUMÉROS DES TERRES.	DENSITÉ		POROSITÉ.	CAPACITÉ			PERMÉABILITÉ.
	RÉELLE.	APPARENTE.		POUR L'EAU		POUR L'AIR.	
				EN VOLUME.	EN POIDS.		
141..................	2.69	1.45	46.1	36.9	25.4	9.2	1.18
142..................	2.67	1.38	48.3	40.7	29.5	7.6	0.33
143..................	2.67	1.34	46.1	35.0	26.1	11.1	1.44
144..................	2.68	1.22	54.4	24.3	19.9	30.1	3.75
145..................	2.71	1.48	45.4	34.3	23.2	11.1	1.70
146..................	2.65	1.53	42.3	34.3	22.4	8.0	2.00
147..................	2.63	1.53	41.8	33.0	21.6	8.8	3.70
148..................	2.62	1.50	42.7	37.4	24.9	5.3	4.12
149..................	2.62	1.57	40.1	38.2	24.3	1.9	0.50
150..................	2.59	1.39	46.3	35.8	25.8	10.5	0.95
151..................	2.64	1.30	50.8	28.0	21.5	22.8	5.70

| NUMÉROS DES TERRES. | DENSITÉ | | POROSITÉ. | CAPACITÉ | | | PERMÉA-BILITÉ. |
| | RÉELLE. | APPA-RENTE. | | POUR L'EAU | | POUR L'AIR. | |
				EN VOLUME.	EN POIDS.		
152....................	2.61	1.37	47.5	31.7	23.1	15.8	4.06
153....................	2.61	1.33	49.0	29.9	22.5	19.1	9.37
154....................	2.63	1.29	50.9	32.3	25.0	18.6	9.81
155....................	2.63	1.45	44.9	36.8	25.4	8.1	0.87
156....................	2.60	1.24	52.3	36.2	29.2	16.1	5.81
157....................	2.64	1.46	44.7	38.5	26.4	6.2	0.87
158....................	2.62	1.31	50.0	40.0	30.5	10.0	0.42
159....................	2.65	1.31	50.6	37.6	28.7	13.0	0.38
160....................	2.62	1.38	47.3	40.2	29.1	7.1	0.58

Les terres du périmètre du canal de Carpentras sur lesquelles nos essais ont été effectués ont une constitution bien différente de celle que nous avons observée pour les alluvions de la Garonne. Les terres d'alluvions modernes, celles qui tirent leur origine de la mollasse, contiennent en général 40 à 50 p. 100 de sable grossier, 30 à 40 p. 100 de sable fin et 10 à 20 p. 100 d'argile. Elles offrent donc la composition de bonnes terres franches bien équilibrées. Les alluvions anciennes non remaniées, très caillouteuses, sont plus graveleuses et aussi un peu plus argileuses.

La perméabilité de ces terres est toujours assez élevée. Elle est le plus souvent comprise entre les degrés 10 et 26 de notre échelle. Elle est par conséquent beaucoup plus grande que celle que nous avons toujours relevée dans la vallée de la Garonne et en particulier sur le périmètre du canal de Saint-Martory. Leur capacité pour l'eau, c'est-à-dire celle qu'elles retiennent lorsqu'elles sont ressuyées après saturation, est assez élevée, car elle oscille entre 30 et 40 p. 100 en volumes; mais elles ne sont pas compactes et restent bien aérées, car leur capacité pour l'air, c'est-à-dire le volume des pores qui reste occupé par de l'air, après qu'elles ont été mouillées à saturation puis ressuyées, est presque toujours d'au moins 10 p. 100 volumes de terre.

Avec cette perméabilité et cette faculté d'imbibition élevées et la propriété qu'elles ont de se bien ressuyer, ces terres peuvent recevoir des arrosages assez copieux. Les quantités d'eau données varient un peu selon les cultures. En moyenne, et pour la prairie, elles correspondent à un débit continu de 1 lit. 375 par seconde et par hectare. L'eau est distribuée à chaque usage avec un débit ou module qui est en moyenne de 41 lit. 25 pendant 6 heures par hectare. Ces quantités d'eau correspondent à celles qui sont données dans la vallée du Pô et le module adapté à Carpentras est justement égal au module ou once milanais.

L'expérience a montré que ce débit et ce module s'adaptaient bien à la nature des terres du périmètre du canal de Carpentras et il y a tout lieu de croire qu'on obtiendrait également de bons résultats en les adoptant pour des canaux desservant des terrains de nature semblable.

OBSERVATIONS RECUEILLIES AUX ENVIRONS DE CAVAILLON.

Nous avons également fait des observations dans le périmètre du canal de Saint-Julien, aux environs de Cavaillon. Ce canal, dont la construction remonte au xv° siècle, est le plus ancien qui s'alimente dans la Durance. Son périmètre arrosable s'étend sur le triangle limité par la Durance, le Coulon et la montagne du Lubéron. Il est formé de terrains qui tirent leur origine des alluvions anciennes de la Durance, souvent remaniées et recouvertes d'alluvions modernes de la Durance et du Coulon.

Nos observations ont porté sur des terres d'alluvion moderne :

Échantillon n° 161. — Métairie de Donnat. Terre grise sans cailloux.
Dans des melons non arrosés (après la récolte), au milieu d'une planche, la perméabilité était : **20.4.**

Échantillon n° 162. — Dans un carré voisin de carottes arrosées, dans la raie où des limons de l'eau d'arrosage se sont déposés, on a trouvé : **0.9.**

Échantillon n° 163. — Dans un pré voisin arrosé, très ancien, on a trouvé : **0.3.**
La constitution physico-chimique de ces échantillons était la suivante :

			TOTAL.	SILICEUX.	CALCAIRE.
N° 161.	Sable	grossier	515.3	448.1	63.9
		fin	333.1	181.5	151.6
	Argile		137.6	//	//
	Humus		2.2	//	//
N° 162.	Sable	grossier	559.2	501.8	54.2
		fin	299.9	166.0	133.9
	Argile		129.9	//	//
	Humus		2.1	//	//
N° 163.	Sable	grossier	372.6	322.3	47.9
		fin	484.4	260.2	224.2
	Argile		122.8	//	//
	Humus		3.5	//	//

L'analyse mécanique nous a fourni les chiffres suivants :

		N° 161.	N° 162.	N° 163.
Gravier		1.4	0.9	2.3
Sable	grossier	3.5	4.3	4.0
	moyen	19.4	23.2	15.5
	fin	16.1	16.2	7.8
Limon	sableux	11.6	9.4	6.3
	fin	10.5	8.6	10.6
	très fin	23.9	24.5	41.5
Argile		13.6	19.2	12.0

L'examen des propriétés physiques au laboratoire a fourni les résultats suivants :

		N° 161.	N° 162.	N° 163.
Densité ..	réelle	2.57	2.66	2.67
	apparente	1.35	1.58	1.36
Porosité		47.50	40.60	49.00 .
Capacité..	pour l'eau en volume	28.30	37.40	39.00
	pour l'eau en poids	21.00	23.70	28.70
	pour l'air	19.20	3.20	10.00
Perméabilité		2.25	0.22	0.41

En général, la perméabilité des terres arrosées par le canal de Saint-Julien est notablement plus faible que celle du périmètre du canal de Carpentras. Mais cette faible perméabilité ne tient pas tant à la nature du sol qu'à l'influence d'un arrosage séculaire, à l'aide des eaux extrêmement limoneuses de la Durance. Leur constitution primitive, représentée par celle du n° 161, est analogue à celle des terres de Carpentras et sa perméabilité est de l'ordre de celles que nous avons observées sur ces dernières. L'apport de limons est venu les modifier, les enrichir en éléments fins, comme cela apparaît très manifestement à l'examen de la composition du n° 163 et la perméabilité s'en est trouvée notablement diminuée.

L'exploitation du canal de Saint-Julien est malheureusement à peine réglementée et l'emploi de l'eau par les riverains est à peu près libre, sans qu'aucun appareil de mesure vienne contrôler les volumes utilisés. Cependant, les renseignements qui nous ont été fournis nous ont montré que les arrosages sont moins copieux et plus répétés que sur le périmètre du canal de Carpentras. La moindre perméabilité a donc conduit les praticiens, après plusieurs siècles d'expérience, à adopter des arrosages plus circonspects, à moindres volumes à la fois et aussi plus soignés. C'est là une confirmation des conclusions auxquelles nous avaient conduits les essais de 1905 et de 1906 dans la vallée de la Garonne.

Nos essais et nos observations sur le terrain nous ont montré la nécessité de faire des arrosages moins abondants et peut-être plus répétés dans les terrains les moins perméables. La question se pose s'il faut faire varier suivant cette même perméabilité le volume total de l'eau d'arrosage. Il ne semble pas, a priori, que ce débit doive varier dans des limites très éloignées. En effet, si l'eau distribuée à l'arrosage est utilisée de la façon la plus économique possible, c'est-à-dire, si elle est tout entière, à part l'évaporation superficielle et inévitable du sol, fixée ou évaporée par les récoltes, la quantité de cette eau nécessaire pour une même récolte et sous le même climat devrait être la même.

Mais, en pratique, on est obligé d'apporter des quantités d'eau bien supérieures à celles qui sont théoriquement utiles, car il y a toujours des pertes : les unes sont les colatures, l'eau que la terre n'a pu absorber a ruisselé à la surface et doit être évacuée; les autres sont les infiltrations qui, ayant pénétré dans les profondeurs de la terre, ont échappé à l'absorption par les racines.

Les pertes par colatures peuvent difficilement être évitées dans les terrains peu perméables. En effet, pour que l'eau d'arrosage puisse humecter le sol jusqu'à la profondeur nécessaire, il faut la laisser séjourner ou ruisseler à la surface un temps plus ou moins long et en évacuer l'excès, qui pourrait nuire à la végétation en stagnant dans les parties basses. Par contre, les pertes par infiltration n'y sont pour ainsi dire pas à craindre.

Il n'en est pas de même dans les terrains très perméables. Dans ceux-ci, les colatures sont nulles, et, dans l'aménagement des cultures arrosées, on ne prévoit même pas leur évacuation; on y fait arriver l'eau par la partie haute, on la fait ruisseler à la surface du sol qu'elle imprègne progressivement, jusque vers les parties les plus basses. A ce moment, on arrête l'arrosage. Selon la perméabilité plus ou moins grande, il y a lieu d'aménager le terrain de façon que la pente ou le débit de l'eau qu'on y amène soient tels que les parties les plus basses se trouvent arrosées convenablement, sans que sur les parties hautes, qui reçoivent l'eau les premières, cette eau se soit trop profondément infiltrée dans le sous-sol. Dans les terrains très perméables, il est difficile d'éviter cette perte par infiltration. Cette eau, qui a une valeur, non seulement disparaît sans utilité, mais elle entraîne encore dans la nappe souterraine des matières fertilisantes perdues pour les récoltes. Si ces infiltrations sont exagérées, il peut même en résulter une stérilisation partielle. C'est ce que l'on a constaté dans certaines irrigations en terrains extrêmement perméables, notamment dans le périmètre du canal de la Bourne. L'extrême perméabilité, de même que l'imperméabilité, peut donc être une cause d'insuccès dans l'application des arrosages.

Les quantités d'eau utilisées par l'arrosage sont donc toujours supérieures à celles qui sont théoriquement utiles à la production des récoltes, mais doivent-elles être toujours les mêmes quelle que soit la nature du sol? Il ne nous le semble pas. Dans les terres peu perméables, elles sont limitées par leur faible perméabilité même. Certaines terres ne laissent pas s'infiltrer par heure des quantités supérieures à celles qui correspondent à une épaisseur de quelques millimètres; elles ne constituent pas une exception, car nous avons vu qu'elles étaient très abondantes dans certaines régions. Il est évident que, même en multipliant autant qu'il est possible en pratique la fréquence des arrosages, on ne pourra faire pénétrer dans le sol la quantité d'eau qu'on apporte couramment aux terres plus perméables.

Dans ces dernières, la quantité d'eau que peut utiliser l'arrosage ne doit pas dépasser celle qui correspond au bénéfice maximum résultant de l'irrigation dans ces sols. Si l'eau est en quantité illimitée, on peut l'employer à profusion. Si l'on ne dispose que d'une certaine quantité, ce qui est le cas le plus général, il est alors nécessaire de la ménager pour pouvoir l'appliquer à la plus grande surface possible. Ce débit maximum économique n'est déterminé nulle part d'une façon suffisamment précise, même dans les régions où l'arrosage est pratiqué depuis longtemps et avec succès. Dans le périmètre du canal de Carpentras, par exemple, on a adopté le chiffre de 1 litre 38 par seconde et par hectare, mais il est probable qu'il pourrait être réduit et qu'on pourrait ainsi accroître son périmètre arrosé. D'une façon générale, les canaux dérivés de la Durance, qui est la rivière la mieux utilisée en France par l'irrigation, n'arrosent même pas le tiers des terrains qu'ils dominent. Le canal de Carpentras, cependant très prospère, n'arrose qu'environ 5,000 hectares sur les 15,000 qui constituent son périmètre dominé. Ces canaux pourraient atteindre un plus vaste périmètre arrosable et donner ainsi de la plus-value à des surfaces actuellement en dehors de leur action; par cela même, on diminuerait le prix de l'arrosage pour les parcelles déjà irriguées, si leurs cahiers des charges avaient prévu des débits à l'hectare plus faibles. L'intérêt est donc grand de ne donner à une terre que le volume d'eau qui a une utilité réelle; mais ce volume est à déterminer, car il n'a pas, jusqu'à présent, été établi sur des bases précises. Il variera suivant la nature des terres, mais surtout suivant la nature des récoltes, qui utilisent pour leur production des quantités d'eau variables. Ce n'est pas à la terre qu'on donne l'eau, c'est à la récolte qui doit s'y développer, et il y a un grand intérêt pratique à mesurer le volume de celle qui joue un rôle réellement utile.

Mais, si l'on suppose ce débit total économique déterminé, il reste à préciser un autre point au moins aussi important : c'est l'intervalle qui doit séparer les arrosages et la quantité d'eau qu'il faut donner à la fois. Sur ce point encore, les canaux d'arrosage ont adopté des règlements uniformes sans tenir compte de la nature des terrains. Ainsi chaque arrosant a l'eau à sa disposition tous les sept ou huit jours pendant six heures, avec un débit de 3o ou 4o litres par hectare. Il est obligé de diviser sa parcelle en un certain nombre de parties qu'il arrose successivement. Dans les terrains extrêmement perméables, le débit mis à sa disposition se trouve être trop faible et il lui faut, pour l'utiliser, faire des parties extrêmement petites, de quelques ares seulement, et l'arrosage devient très onéreux. Dans les terrains peu perméables, au contraire, ce débit est trop considérable et conduit à effectuer des arrosages sur des parcelles beaucoup trop grandes à la fois pour n'en pas perdre une partie importante dans les colatures et la terre ne se trouve pas recouverte d'eau pendant un temps suffisant pour en absorber la quantité nécessaire à huit jours de végétation. Il faudrait donc, dans la construction des canaux à venir, tenir compte, dans le calcul des débits des rigoles amenant l'eau chez chaque arrosant, des aptitudes particulières de la terre qui est à arroser. Il faudrait aussi en tenir compte dans la réglementation du canal, pour déterminer les périodes qui doivent séparer les arrosages et la durée de ces arrosages. Dans les terrains perméables, mais à grande capacité pour l'eau, comme sont par exemple les alluvions silico-argileuses, les arrosages peuvent être copieux et espacés. Dans les terrains à faible capacité pour l'eau, et surtout dans ceux à faible perméabilité, les arrosages doivent être plus fréquents et plus ménagés.

Il résulte de ces considérations générales que la construction d'un canal d'irrigation devrait toujours être précédée de l'étude des propriétés physiques des terres de son périmètre. Nous avons rencontré dans la vallée de la Garonne des terres si imperméables que l'arrosage n'y peut donner de bons résultats qu'en prenant pour l'évacuation des eaux des précautions toutes spéciales. Pour ces dernières, cette étude préalable des propriétés physiques des terres aurait eu probablement pour résultat, étant donné l'importance des travaux ultérieurs à exécuter par les intéressés, de faire rejeter l'idée de la construction d'un canal d'irrigation. Dans ces cas, les résultats culturaux peuvent ne pas répondre aux sacrifices faits pour l'amenée de l'eau et à son prix de revient à pied d'œuvre. Actuellement, des projets de canaux sont à l'étude dans la vallée de la Garonne, notamment aux environs d'Agen. Nos constatations ont montré que, sur des surfaces importantes du périmètre qu'on se propose d'arroser, il existe des terres d'une si faible perméabilité qu'elles ne sauraient, sans un aménagement parfait du sol, utiliser avantageusement l'eau qu'on leur amènerait, et qu'on s'exposerait, sans cette précaution, aux mêmes insuccès que ceux qui sont si manifestes pour le canal de Saint-Martory.

A vrai dire, il nous semble que les terres peuvent se classer en trois catégories :

1° Celles qu'on peut regarder comme presque imperméables, c'est-à-dire dans lesquelles l'eau ne pénètre que d'un petit nombre de millimètres par heure, qui, par suite, ne sont pas susceptibles de se laisser pénétrer par l'eau dans les conditions d'un arrosage ordinaire, et pour lesquelles il ne conviendrait, selon nous, de faire les sacrifices de l'amenée de l'eau que dans des conditions techniques et économiques spéciales;

2° Les terres peu perméables, où l'eau peut pénétrer, toujours dans les conditions pratiques d'un arrosage, aux environs de 1 centimètre par heure, et auxquelles il conviendrait de donner des arrosages peu copieux, plus ou moins répétés.

3° Celles enfin où l'eau pénétre au moins de quelques centimètres et plus et que l'on peut qualifier de perméables, c'est-à-dire aptes à absorber de l'eau, et auxquelles conviennent des arrosages plus copieux. Au-dessus d'un certain degré de perméabilité, il n'y a plus intérêt à déterminer le degré exact auquel les terres se classent à l'échelle. Ces terres sont toutes aptes à recevoir l'eau en suffisance. Mais c'est là qu'interviendra surtout la détermination de la quantité d'eau réellement utile à la végétation, afin de leur donner cette quantité d'eau et non la quantité sûrement supérieure qu'elles seraient capables d'absorber.

Ce sont les terres perméables qui se prêtent particulièrement à l'arrosage et c'est sur elles que doivent d'abord porter les efforts, puisqu'elles sont plus capables de payer, en surcroît de récoltes, les sacrifices occasionnés par l'amenée et la distribution de l'eau.

Dans le plan général des projets d'irrigation d'un pays, il conviendrait donc de mettre en première ligne les terres réellement perméables et de commencer par elles. Ce n'est qu'en second lieu qu'il faudrait s'occuper des terres peu perméables, et après seulement des terres presque imperméables, si l'eau ne peut être plus utilement employée ailleurs et si les conditions économiques sont favorables.

Mais il convient de dire que dans un périmètre étudié les terres ne sont pas toutes de même nature. Il peut y en avoir d'imperméables qu'il faut, au moins momentanément, laisser de côté, d'autres, au contraire, qui peuvent utiliser l'eau. Dans un pareil cas, il appartiendra aux ingénieurs, chargés de l'établissement des projets, de déterminer si la partie qui peut être utilement arrosée présente, par rapport à l'autre, une surface et une disposition telles qu'elles vaillent la peine de la construction d'un canal, car si celui-ci ne peut desservir que des îlots isolés, sa construction pourra paraître inopportune.

Pour les terres aptes à être irriguées, l'étude de leurs propriétés physiques et surtout de leur perméabilité indiquerait dans quelles conditions doivent être exécutés les arrosages. Mais il faudrait au préalable déterminer quelles seraient les conditions qui conviendraient le mieux aux terrains classés en diverses catégories. On ne peut résoudre ce problème que par des expériences de longue haleine et très multipliées.

Nous nous proposons donc, pour donner à tous nos essais une valeur objective, d'établir des stations d'observation fonctionnant pendant toute la période des arrosages, et dans lesquelles on déterminerait simultanément le degré de perméabilité, l'aptitude du sol à emmagasiner l'eau, les quantités réellement données et l'influence de ces quantités, que nous ferions varier, sur la production des récoltes. En établissant ainsi, sur de mêmes terrains, des surfaces recevant des quantités d'eau différentes, et comparant entre elles les récoltes produites, nous arriverions à fixer la quantité *optima* d'eau, c'est-à-dire celle qui, avec le minimum d'eau distribuée, conduit au maximum de récolte. Toute l'eau qu'on leur donnerait en plus devrait être considérée comme perdue et les arrosages devraient être établis de telle sorte qu'on se rapproche le plus possible, dans la pratique, de cet *optimum*, surtout dans les cas si fréquents où l'eau n'est pas en très grande abondance et où le surplus de la quantité réellement utile pourrait être appliqué à d'autres surfaces arrosables.

Notre pensée serait d'installer en plusieurs points, dans des terrains de constitutions diverses, plus ou moins perméables, notamment dans la vallée de la Garonne, par exemple à l'école d'Ondes et dans le périmètre arrosé par les eaux de la Durance, principalement autour de Carpentras, des champs d'expérience ayant pour but de fixer, tant pour des sols donnés que pour des récoltes déterminées, la quantité d'eau réellement et strictement nécessaire pour obtenir le résultat économique le plus avantageux. Nous pourrons établir ainsi un certain nombre de catégories dans lesquelles se classeront tous les terrains et à chacune desquelles correspondra une façon particulière d'arroser. Dans la construction des canaux, on ne serait plus réduit à adopter des règles uniformes, dont l'application a, dans certains cas, conduit à des insuccès.

TABLE DES MATIÈRES.

———

IMPRIMERIE NATIONALE. —— Septembre 1910.